新生产机动车环保达标申报手册

中国环境科学研究院
环境保护部机动车排污监控中心
编著

中国环境出版社 · 北京

图书在版编目（CIP）数据

新生产机动车环保达标申报手册/中国环境科学研究院，环境保护部机动车排污监控中心编著．—北京：中国环境出版社，2014.4
ISBN 978-7-5111-1780-9

Ⅰ．①新…　Ⅱ．①中…②环…　Ⅲ．①机动车—汽车排气污染—达标—手册　Ⅳ．①X734.201-62

中国版本图书馆 CIP 数据核字（2014）第 053452 号

出 版 人　王新程
责任编辑　张维平
封面设计　金　喆

出版发行　中国环境出版社
（100062　北京市东城区广渠门内大街 16 号）
网　　址：http://www.cesp.com.cn
电子邮箱：bjgl@cesp.com.cn
联系电话：010-67112765（编辑管理部）
　　　　　010-67112738（管理图书出版中心）
发行热线：010-67125803，010-67113405（传真）

印　　刷　北京中科印刷有限公司
经　　销　各地新华书店
版　　次　2014 年 6 月第 1 版
印　　次　2014 年 6 月第 1 次印刷
开　　本　787×1092　1/16
印　　张　7.75
字　　数　170 千字
定　　价　30.00 元

编写人员

倪　红　王明达　季　欧　马凌云　姜　艳　赵　莹

关　敏　梁占彬　张海燕　庞　媛　郝爱民　林　涵

张　艳　张　亚　陈　莉　卢建云　原彩红　陈大为

皮晓超　宋京亮

前　言

大气污染防治既是重大民生问题，也是经济升级转型的重要抓手。我国区域性复合型大气污染问题日益突出，机动车污染防治已经成为我们的重点工作之一。解决机动车污染问题，应突出重点、分类指导、多管齐下、科学施策。在机动车排放污染综合控制中，加强对新车的控制具有长远的影响，是国家层次上控制汽车污染的最重要方面。

实施新生产机动车环保达标申报核准制度，要求机动车生产企业确认产品达到排放标准要求并进行相关资料的申报，强调了机动车生产企业的责任；新车环保型式核准主管部门对拟定型车、机型的环保达标性能进行技术审核，对通过审核的发布型式核准证书，并向社会公告达标车、机型相关信息。新车环保型式核准不仅确保企业产品达标的第一个“关口”，还是环保和其他相关部门进一步开展生产一致性检查和在用车监督等管理工作的依据和基础，不论对生产企业还是对于执法部门都具有非常重要的意义。

因而，新生产机动车和发动机的环保达标型式核准申报和审核工作，一直是环境保护部非常重视的工作。而机动车生产企业，则更加视此项工作为关系企业产品生存的一件大事。企业需要了解，机动车达标管理的目的是确保机动车在实际使用过程中其排放的污染物得到有效控制，获得了型式核准，不是企业机动车环保工作的完成，而是一个开端。后续的环保生产一致性和在用车的监督管理等工作，一环扣着一环，都与型式核准工作密切相关，一旦申报资料中出现一点小错误就可能为企业带来很大的损失。新的形势对企业负责环保型式核准申报的工作人员提出了更高的要求，即不光要有高度的责任感确保申报工作及时完成，还要具备足够的专业知识以保证申报资料的科学性和准确性。

为此，环境保护部机动车排污监控中心特别组织编写了此书。由于标准的不断更新和管理要求的变化，本书的内容会及时修订。尽管编写者已尽量校核，书中仍可能存在遗漏和错误，我们将不断改进，力求完善，为企业的申报工作提供更好的技术支持。

本书在编写过程中得到环境保护部污防司和机动车排污监控中心各位领导的指导，在此致以真挚的谢意。

编著者

目　录

1 依据标准

新生产机动车环保达标型式核准依据以下标准实施。当有新的机动车环保标准发布时，将依据新标准实施。

（1）GB 18352.3—2005《轻型汽车污染物排放限值及测量方法（中国Ⅲ、Ⅳ阶段）》

（2）GB 18352.5—2013《轻型车污染物排放限值及测量方法（中国第五阶段）》

（3）GB 17691—2005《车用压燃式、气体燃料点燃式发动机与汽车排气污染物排放限值及测量方法（中国Ⅲ、Ⅳ、Ⅴ阶段）》

（4）GB 3847—2005《车用压燃式发动机和压燃式发动机汽车排气烟度排放限值及测量方法》

（5）GB 18285—2005《点燃式发动机汽车排气污染物排放限值及测量方法双怠速法及简易工况法》

（6）GB 11340—2005《装用点燃式发动机重型汽车曲轴箱污染物排放限值及测量方法》

（7）GB 1495—2002《汽车加速行驶车外噪声限值及测量方法》

（8）GB/T 19233—2008《轻型汽车燃料消耗量试验方法》

（9）GB 20890—2007《重型汽车排气污染物排放控制系统耐久性要求及试验方法》

（10）GB 14762—2008《重型车用汽油发动机与汽车排气污染物排放限值及测量方法（中国Ⅲ、Ⅳ阶段）》

（11）GB 14763—2005《装用点燃式发动机重型汽车燃油蒸发污染物排放限值及测量方法收集法》

（12）HJ 437—2008《车用压燃式、气体燃料点燃式发动机与汽车车载诊断OBD系统技术要求》

（13）HJ 438—2008《车用压燃式、气体燃料点燃式发动机与汽车排放控制系统耐久性技术要求》

（14）HJ 439—2008《车用压燃式、气体燃料点燃式发动机与汽车在用符合性技术要求》

（15）GB 14622—2007《摩托车污染物排放限值及测量方法（工况法，中国III阶段）》

（16）GB 18176—2007《轻便摩托车污染物排放限值及测量方法（工况法，中国III阶段）》

（17）GB 14621—2011《摩托车和轻便摩托车排气污染物排放限值及测量方法（双怠速法）》

（18）GB 20998—2007《摩托车和轻便摩托车燃油蒸发污染物排放限值及测量方法》

（19）GB 16169—2005《摩托车和轻便摩托车加速行驶噪声限值及测量方法》

（20）GB 19758—2005《摩托车和轻便摩托车排气烟度排放限值及测量方法》

（21）GB 20891—2007《非道路移动机械用柴油机排气污染物排放限值及测量方法（中国Ⅰ、Ⅱ阶段）》

（22）GB 26133—2010《非道路移动机械用小型点燃式发动机排气污染物排放限值及测量方法（中国Ⅰ、Ⅱ阶段）》

（23）GB 19756—2005《三轮汽车和低速货车用柴油机排气污染物排放限值及测量方法（中国Ⅰ、Ⅱ阶段）》

（24）GB 19757—2005《三轮汽车和低速货车加速行驶车外噪声限值及测量方法（中国Ⅰ、Ⅱ阶段）》

（25）GB 18322—2002《农用运输车自由加速烟度排放限值及测量方法》

（26）GB /T23277—2009《贵金属催化剂化学分析方法 汽车尾气净化催化剂中铂、铑、钯量测定分光光度法》

HJ 509—2009《车用陶瓷催化转化器中铂、钯、铑的测定 电感耦合等离子体发射光谱法和电感耦合等离子体质谱法》

（27）HJ 689—2013《城市车辆用柴油发动机排气污染物排放限值及测量方法（WHTC工况法）》

2 申报范围

本《申报手册》中，新生产机动车指轻型汽车（轻型汽油车、轻型柴油车、轻型单一气体燃料车、轻型两用气体燃料车等）、重型汽车（装用压燃式发动机的重型车、装用气体燃料点燃式发动机的重型车、重型汽油车等）、重型车用发动机（压燃式发动机、气体燃料点燃式发动机、重型车用汽油发动机等）、摩托车（含轻便摩托车）、低速汽车（三轮汽车、低速货车及其装用的柴油机）、非道路移动机械用发动机（非道路移动机械用柴油机和非道路移动机械用小型点燃式发动机）等。

3 申报审核流程

3.1 申报前准备

3.1.1 设立申报账户

企业在开展申报工作前，应充分了解本指南的各项要求，特别要理解作为申报主体，企业所应承担的各项责任（见附录 1-1 之附件）。

环境保护部实施新车环保型式核准网上申报，生产企业在进行型式核准申报之前首先要在机动车环保网上设立网上申报账户。

机动车生产企业设立网上申报账号流程：企业应从机动车环保网下载并填写相关资料，加盖企业公章后报送机动车排污监控中心。经中心同意后，由北京中维科环境信息工程技术有限公司开通网上申报权限。

机动车生产企业需提供的开户资料：① 环保型式核准企业申请书（见附录 1-1）；② 型式核准企业申请表（见附录 1-2）；③ 生产企业申报开户申请表（见附录 1-3）；④ 工信部的企业准入批准证明；⑤ 企业营业执照复印件；⑥ 中华人民共和国组织机构代码证复印件。

代理申报企业附加提交的资料：① 代理申报申请书；② 生产企业授权书；③ 代理企业与原生产企业对照表（见附录 1-4）。授权书内容需写明授权的车机型范围、委托关系、所发布车机型的生产一致性及在用车符合性等法律责任的承担企业名称。

3.1.2 获取申报资格证书

本中心对新生产机动车企业环保申报人员进行规范化管理，实行统一的考核和资格管理（见附录 1-5）。在完成开户以后，生产企业申报人员还需参加新生产机动车环保达标申报人员考核，合格后获得申报资格证书。如由于考核时间安排等原因，申报人员尚未获得申报资格证书，可申请临时资格证书进行申报，临时资格证书审核需两周时间，临时资格证书申请表见附录 1-6。

3.2 型式核准申报及审核流程

企业登录机动车环保网的车型申报页面，提交环保生产一致性保证计划书和相关技术资料，由环境保护部机动车排污监控中心新车达标排放申报办公室（以下简称“申报办”）进行技术审核并备案，生产企业送样品到环保部委托的检测机构进行样品检验，检测机构依据企业已备案计划书和车型资料出具检验报告，并将电子检验报告通过网络上传到中心数据库。

然后，企业登录机动车环保网的车型申报页面，通过选择相应车机型的检测报告、计划书和技术资料的备案号，生成申报表和申报函，并发送申报函完成申报。企业通过型式核准的车（机）型的证书及公告内容发生变化，应提出变更申请。

申报办对企业的申报资料进行技术审核，技术审核通过后，每月的 10 日和 25 日在机动车环保网上公布型式核准证书核对稿，核对无误后报环保部，颁发型式核准证书并发布达标车机型环保公告（型式核准申报审核流程如图 1）。

已经通过型式核准的车（机）型的公告内容发生变化，且产品的环保关键配置、技术参数和性能等都未发生变化，企业可提出变更申请（详细要求见附录 8），经技术审核并报送环境保护部批准后，变更信息在环保公告中发布。如已通过型式核准的车（机）型发生与环保性能有关的变化时，企业应及时提交型式核准申请。

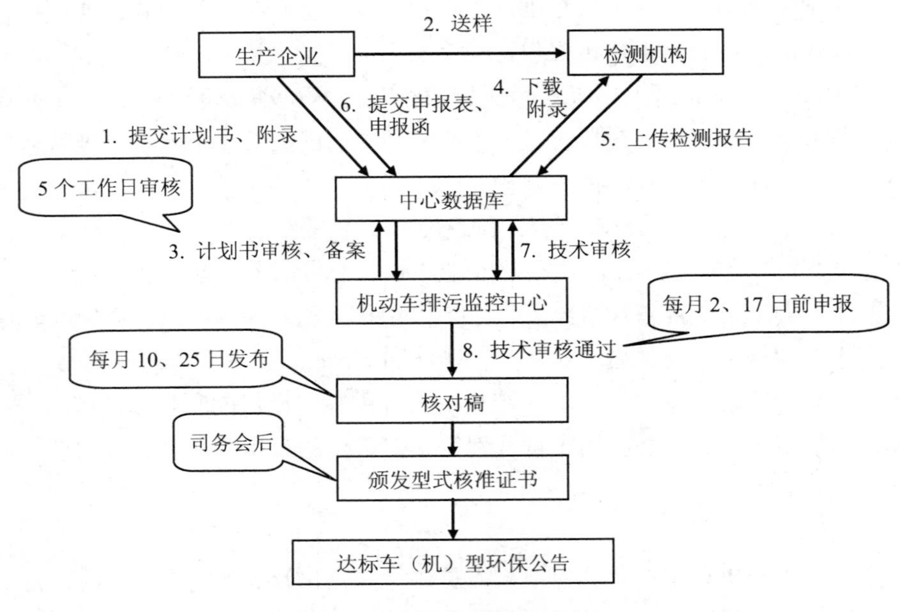

图 1 型式核准申报审核流程

4 申报资料

新生产机动车型式核准申报需提交的资料包括：环保生产一致性保证计划书、申报表、申报函、在用符合性自查规程和报告、相关技术资料、申报数据表和检验报告。

对不同类型机动车的具体申报资料要求详见附录 2 至附录 7。

必要时，申报办还会要求生产企业应提供更为详尽的技术资料。需补充的书面资料以邮递方式提交申报办。

生产企业在做型式核准申报时，应通过网上申报方式，向申报办提交所要求的申报材料。通常情况下，所有申报的程序都在网上完成，申报操作方法详见《新车排放达标网上申报系统操作使用说明书》。网上申报采用设立不同权限的用户名和密码的方式来保证申报过程中的数据安全，各企业申报相关人员要妥善保管用户名和密码。

5 申报技术要求

5.1 型号要求

拟进行型式核准的新生产的机动车在以下情况下不得混型：

（1）不同阶段排放标准的新生产机动车（重型车、三轮汽车、低速货车除外）;

（2）标准中规定对 OBD 要求不同的轻型汽车（如有无 IUPR 及 NO_x 监控功能等）;

（3）非道路移动机械用柴油机与车用发动机、三轮汽车和低速货车用柴油机;

（4）不同系族的发动机（指车用发动机、非道路移动机械用柴油机、非道路移动机械用小型点燃式发动机、三轮汽车和低速货车用柴油机，以下同）。

5.2 系族名称要求

生产企业应对所有拟申请型式核准的发动机系族应编制发动机系族名称。发动机系族名称应在发动机标签上明显处标注。

应按图 2 所示的格式编制发动机系族名称：

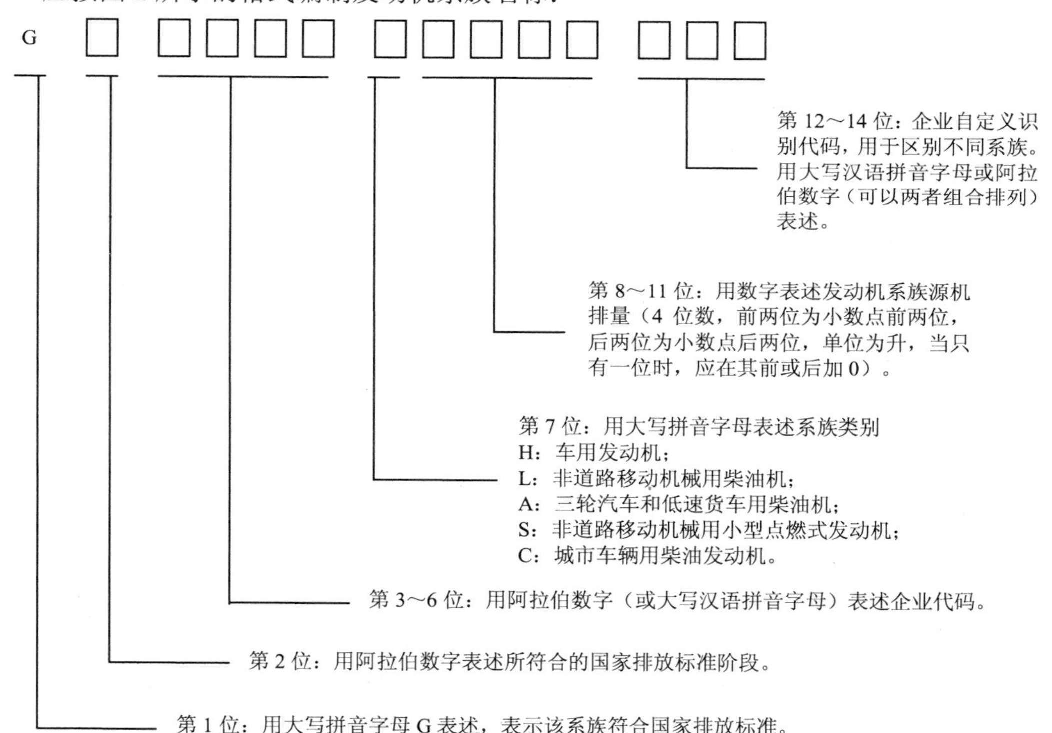

注：企业代码由本中心在企业注册时按流水号给出。企业也可自定系族名称中企业代码，为避免出现不同企业使用相同的代码等问题，该代码应事先在机动车环保网上校验是否重复。非道路移动机械用柴油机若使用企业自定的系族名称企业代码，应事先在中国内燃机工业协会进行备案。

图 2 发动机系族名称编制格式

5.3 排放控制系统耐久性试验要求

所有轻型汽车、发动机、摩托车、轻便摩托车应在进行耐久试验前提交耐久试验申请，在型式核准申报时提交相关技术资料和报告，证明其满足表1所列排放标准的耐久性要求。

表1 排放控制系统耐久性试验依据标准

车辆类型	依据标准
中国Ⅲ、Ⅳ阶段轻型汽车	GB 18352.3—2005
中国Ⅴ阶段轻型汽车	GB 18352.5—2013
中国Ⅲ阶段安装排气后处理装置的重型汽车及车用发动机	GB 20890—2007
中国Ⅳ、Ⅴ阶段的车用压燃式发动机、气体燃料点燃式发动机与汽车	GB 17691—2005 和 HJ 438—2008
中国Ⅲ阶段安装排气后处理装置的摩托车	GB 14622—2007
中国Ⅲ阶段安装排气后处理装置的轻便摩托车	GB 18176—2007
安装催化转化器和或颗粒物捕集器等后处理装置的非道路移动机械用柴油机	GB 20891—2007
中国Ⅱ阶段非道路移动机械用小型点燃式发动机	GB 26133—2010

所有进行型式核准的轻型汽车、摩托车应在型式核准同时提交耐久性报告，并用实际劣化系数对型式核准的试验数据进行校验。

耐久试验前制造厂应单独提供至少两套相同的催化转化器，需由型式核准部门任选一套进行耐久性试验；另一套按照 HJ 509 的规定检测其载体体积及各贵金属含量。

耐久性试验结束后，检测机构应将试验车上的催化器进行封样，样品保留半年。

5.4 型式核准扩展

轻型汽车、重型汽车、发动机、摩托车、轻便摩托车、非道路移动机械用小型点燃式发动机、三轮汽车和低速货车可依据相关标准的要求进行型式核准扩展、系族划分及源机选择。

5.5 检测要求

企业应按照国家现行相关标准的要求，向环境保护部提交所有申报资料，并将代表性的样品送到环境保护部委托的检测机构进行标准规定的检测，出具有效检验报告。

必要时，型式核准主管部门对型式核准试验进行确认检查（监督试验要求见附录11、附录12）。

5.5.1 试验样品管理

检测机构对试验样品负责。应在检测前对样品的环保关键部件与主要技术参数进行核对，确定与型式核准申报资料状况一致，方可出具检测报告。

检测机构应妥善保管样品，确保在整个检测期间，样品处于有效监控之下，且不擅自对污染控制关键部件进行调整和更换等，当出现上述情况时，应立即停止检测，及时上报我中心。企业应在检测机构监督下对样品进行正常的维护保养。

对于我中心封样的样品，检测机构应制定管理规程，确保试验过程中保持封样完好，试验结束后应对封样进行确认。

5.5.2 试验燃料要求

排放试验燃料应符合相应标准排放阶段基准燃料的要求，国四柴油硫含量不应低于30 mg/kg。耐久性运行试验时，企业可选择使用市售燃料。国四车（机）型用燃料硫含量不低于280 mg/kg，国五车（机）型用燃料硫含量不低于30 mg/kg。

检测机构应提供每批次购进试验燃料的检验报告，检验报告应由第三方检测机构出具。机动车排污监控中心将对试验用燃料进行随机抽样检测。

5.5.3 实验条件

为确认在正常实验条件下，即使在“最差”的状态，实验样品检测结果也能符合标准的要求，在样品准备和检测过程中，实验条件如温度、湿度、发动机中冷温度、进气阻力及排气背压等的设定，应在标准规定及产品使用要求设定的范围之内，并且尽量靠近对排放较为不利的限值。

5.6 发动机标签要求

发动机出厂之前（进口发动机可在销售之前），应安装标签。标签必须固定在发动机使用寿命内不需要经常更换的部件上。在发动机的使用寿命内，标签必须牢固、容易看到、不容易涂抹掉，在没有损坏或污损的情况下，不能移动。标签必须固定在发动机正常运转所需的辅件安装完成后，常人容易看到的部件上。发动机标签应用中文书写，规格尺寸企业自定。

发动机也可不粘贴标签而在原铭牌上增加相应内容。

不同类型发动机环保标签内容要求如下：

（1）车用发动机环保标记：

- 系族名称（若有）、发动机的型号、商标、制造厂名称；
- 环境保护部型式核准达到的排放标准阶段、型式核准号；
- 对于气体燃料点燃式发动机还应注明“限于使用高（或低）发热量范围的天然气”或“限于使用规格为××的天然气（或液化石油气）”。

（2）非道路移动机械用柴油机标签：

- 柴油机系族名称、发动机的型号、发动机的功率参数、制造厂厂名、生产日期；
- 型式核准批准的对应功率段及限值阶段、型式核准号；
- 当柴油机安装在非道路移动机械上时，应能使标签容易被常人看见并获取相关的信息，否则，每一台柴油机应另外提供一块用耐用材料制作的可移动标牌。

（3）非道路移动机械用小型点燃式发动机标签：

- 型式核准号、生产日期（如在发动机其他部位已经标注生产日期则标签中可不必重复标注）、制造企业全称；
- 经过II阶段排放型式核准的发动机，应注明发动机的排放控制耐久性（小时）；
- 制造企业认为重要的其他信息。

5.7 环保生产一致性要求

企业应在型式核准申请之前提交环保生产一致性计划书进行备案。所有车机型自获得型式核准批准之日起，企业必须采取有效措施保证其生产一致性。企业生产一致性自我检查的排放和噪声检测结果应在完成检测的一周内上报。企业应于每年3月1日前提交上一年度《环保生产一致性年度报告》。

5.8 在用符合性要求

制造企业应采取适当措施，确保正常使用条件下的汽车及所安装的发动机在正常寿命期内，排放控制装置始终正常运行。企业应在汽车或发动机的有效寿命内定期进行在用车/发动机的符合性检查。型式核准主管部门将开展监督性抽查。

企业应在型式核准后6个月内，提交《在用符合性自查规程》。每年的12月1日前，提交下一年度的《在用符合性年度自查计划》，每年的3月1日前，提交上一年度的《在用符合性年度自查报告》。

5.9 汽车车辆识别代码（VIN）信息申报要求

所有生产、进口达国四阶段的轻型汽车、装用压燃式或气体燃料点燃式发动机汽车、摩托车和轻便摩托车，应当在车辆出厂15天内，按要求向环境保护部报送车辆识别代码信息。可通过机动车环保网“新生产机动车环保排放达标申报系统”中的报送功能或报送信息服务接口两种方式报送相关信息。

申报资料包括：车辆型号、车型的型式核准号（不包括扩展号）、车辆识别代码、车辆生产日期和车辆出厂（通关）日期等。

5.10 重型车用发动机信息报送要求

所有生产、进口达国四阶段的压燃式或气体燃料点燃式发动机企业，应当在产品出厂15天内，按要求向环境保护部报送发动机信息。可通过机动车环保网“新生产机动车环保排放达标申报系统”中的报送功能或报送信息服务接口两种方式报送相关信息。

申报内容包括发动机编号、发动机型号、发动机生产日期、发动机出厂日期、后处理装置型号和编号。

5.11 关于污染控制装置永久性标识的要求

企业应建立相应的管理制度，确保污染控制装置永久性标识内容与型式核准资料一致。污染控制装置包括型式核准证书附页环保关键配置的内容。

企业应在污染控制装置明显可见位置标注永久性标识。标识内容包括：污染控制装置型号和生产企业名称（可以是全称、缩写或徽标，下同）。对于排气后处理装置（催化转化器、颗粒捕集器等），还需壳体表面明显可见位置打刻封装企业、载体生产企业和涂层生产企业名称。

检测机构在型式核准试验前，应对污染控制装置永久性标识进行确认，若与企业申报技术资料不一致，不得进行试验。

5.12 重型车后处理装置安装要求

重型车安装后处理装置，应确保发动机及后处理装置的运行状态与发动机总成型式核准时状态一致，车辆在实际行驶时，后处理装置能够发挥应有的污染物减排作用。

发动机生产企业应在提交型式核准资料时，声明保证后处理装置正常工作的条件，并在型式核准时进行验证。整车厂应在提交型式核准资料时说明处理装置安装的相关技术参数，并采取措施确保批量生产的整车符合要求。

6 技术审核

申报办收到企业完整的申报资料后，对其进行技术审核并及时与申报企业联系解决申报中存在的问题。如果企业申报的车机型、发动机机系族不能满足相关标准、规定的要求，申报办将及时通知企业。申报办每月两次在机动车环保网上发布相应的型式核准证书核对稿，并对各企业反馈的情况进行核对。

7 型式核准证书的颁发

通过技术审核并经环境保护部批准的新生产机动车，环境保护部定期颁发型式核准证书（见附录 9）。环境保护部机动车排污监控中心负责证书发放并对环保车型数据库进行更新。

通过型式核准的车机型信息及证书的有效性可在机动车环保网查询。

8　公告的批准与发布

通过技术审核并经环境保护部批准的车机型，环境保护部向企业下发型式核准证书，并定期发布国家环保达标车型型式核准公告。相关信息在环境保护部网站公布，同时在机动车环保网上公布。网址为：

环境保护部：http：//www.mep.gov.cn

机动车环保网：http：//www.vecc-mep.org.cn

9　信息咨询

新车申报相关信息的咨询方式主要为以下三种：

（1）网络公共信息平台：新生产机动车相关法规、标准、申报要求、技术指南和环保达标车型信息等，均可在机动车环保网页面上查询到及时更新的信息；机动车环保网设立QQ群和微信等交流平台，管理员会及时解决提问者的疑问。

（2）企业网络申报系统：生产企业车机型申报审核的进度、技术审核结果、打回原因及型式核准证书的核对稿等信息，均发布在企业网络申报系统中，常规申报问题可通过此系统解决。

（3）电子邮件或电话咨询：上述两种方式无法解决的问题，可以通过电子邮件或电话联络具体负责的工作人员，联系方式发布在网络申报系统中。为提高工作效率，建议尽量使用前两种方式获得详尽和及时的信息。

10　工作时间和联系方式

10.1　申报和审核时间

型式核准审核每月分两个批次进行，每批次的申报截止日期为 2 日和 17 日。每月的 10 日和 25 日在机动车环保网上发布相应的型式核准证书核对稿，各生产企业应根据申报情况进行核对，并在 3 日之内反馈意见。

所有车机型型式核准、环保生产一致性保证计划书和技术资料的申报、增补、修改和撤销以及新车达标排放的申报，申报办将在收到企业完整申报资料后 5 个工作日内予以答复。

10.2 咨询时间

法定工作日（周五下午除外）9：00—11：30和13：30—16：00，如工作时间发生变化，申报办将提前发出通知。

10.3 联系方式

环境保护部机动车排污监控中心新车环保申报办公室
地　址：北京安定门外大羊坊8号　中国环境科学研究院
邮　编：100012
电　话：010-84935030、84934896
传　真：010-84926554
网　址：www.vecc-mep.org.cn
电子邮箱：见机动车环保网申报系统首页。
机动车环保网系统支持
电　话：010-84919360
传　真：010-84935071
地　址：北京安定门外大羊坊8号中国环境科学研究院
邮　编：100012
网　址：www.vecc-mep.org.cn

附录 1　生产企业开户申请资料

附录 1-1　环保型式核准企业申请书模板

环境保护部：

我公司承诺向社会符合环境提供保护法规要求和机动车排放控制标准的合格产品，保证承担相关企业责任，具体条款见附件。

现申请环境保护部受理我公司的环保型式核准申请，请批准。

公司盖章：

日期：

附件

企业承诺责任

第一条　如实提供型式核准申报所需的相关资料，确保检测样品与提交资料描述的技术状态一致。积极配合，确保检测及审核工作科学、公正地开展。

第二条　按相关标准和规定要求，建立环保生产一致性和在用符合性保证体系，有效控制生产过程。

第三条　针对新机动车和污染控制装置的排放控制性能建立自查制度，确定自检频次。

第四条　保证机动车安装的污染控制装置与环保型式核准内容一致，保证与排放相关的关键部件具有型号生产厂或零部件号的永久标识。批量产品的排放水平与环保型式核准时一致，在规定的耐久里程或时限内符合环保标准要求，并且同时满足国家其他强制性标准要求。

第五条　生产企业排放检测实验室配备满足检测需求的检测设备和技术人员，并对检测仪器设备进行定期维护保养和标定，相关记录应妥善保存备查。

第六条　采取有效措施，防止机动车在正常使用条件下排放超标。保证新机动车上未安装失效装置，确保排放控制策略合理。

第七条　不生产、销售和安装使排放控制系统降低工作效率的装置。

第八条　机动车生产企业或其授权代理人应对新机动车的环保性能负责，应提供相应的售后服务来满足车辆正常使用条件下的环保要求。机动车使用者提供的保养手册中包含污染控制系统的维护保养信息。

第九条　因产品缺陷导致机动车在正常使用中出现严重环保问题的，将主动召回并承担消除缺陷和挽回环境危害的责任。

第十条 向环境保护部上报一致性年度报告、在用符合性相关报告及相关产品生产信息。进行召回的企业应向环境保护部上报主动召回报告。

第十一条 生产企业环保型式核准申报人员和环保生产一致性保证体系负责人员经过环境保护部统一培训和考核后上岗。

（加盖骑缝章）

附录 1-2　型式核准企业申请表

申报企业名称		
生产企业名称		
集团名称		生产企业隶属于哪个集团，没有写“无”
联系人		
联系电话		
邮箱地址		
企业类别		例：整车企业、整机企业、改装车企业
申报车类		例：轻型车、车用发动机、重型车、非道路柴油机、非道路点燃式发动机、摩托车、三轮及低速货车

附录 1-3　生产企业申报开户申请表

生产厂家名称			
生产厂家地址			
申报企业名称			
申报企业地址			
企业机构代码			
省份			
邮编		E-mail	
电话		传真	
申报负责人		联系人	
法定代表人			

企业类别	申报类别	年度网络维护费
□整车厂　□改装厂 □摩托厂　□发动机 □进口车/代理商	□轻型汽油车 □轻型柴油车 □轻型燃气车 □轻型两用燃料车　□重型柴油车 □重型柴油机 □重型汽油车 □重型汽油机 □摩托车　□重型燃气机　□重型燃气车	□　　元
□三轮汽车和低速货车	□三轮汽车、低速货车 □三轮汽车和低速货车用柴油机	□　　元
□非道路	□非道路移动机械用柴油机 □非道路移动机械用小型点燃式发动机	□　　元

年　　月　　日（公章）

附录 1-4　代理企业与原生产企业对照表

代理企业与原生产企业对照表 1

	申报开户企业名称	企业编码
名称		
	代理生产企业名称（制造商）	
1		
2		
…		

代理企业与原生产企业对照表 2

联系人	电话	E-mail	备注

附录 1-5　新车环保申报人员业务考核及申报资格管理办法

第一条　为规范新车环保申报工作，加强申报人员的业务考核和申报资格管理，特制定本办法。

第二条　新车环保申报人员实行统一考核和资格管理，考核合格者经申请批准可获得新车环保申报资格。

第三条　环境保护部机动车排污监控中心（以下简称“监控中心”）负责新车环保申报人员的培训考核和资格管理工作。

第四条　新车环保申报人员的考核原则上每年 6 月、12 月举行两次，特殊情况下，经监控中心决定可以进行调整。考核实行公平、公开、公正、诚信的原则，采取统一报名、统一命题、统一考核、统一评分标准、统一阅卷和统一合格标准的方式进行。

第五条　考核主要测试申报人员从事新车环保申报工作必备的基础知识和申报技能，考核内容包括《新车环保申报相关法律法规及标准》、《机动车环保基础知识》和《新车环保申报要求及操作》三个部分。

第六条　报名参加考核的人员应当符合下列条件：

（一）具有中华人民共和国国籍；

（二）年满 18 周岁，具有完全民事行为能力；

（三）具有大专以上学历或中级以上职称；

（四）从事机动车环保相关工作一年以上；

（五）由所在单位正式推荐。

第七条　有下列情形之一的，不得报名参加考核，已经办理报名手续的，报名无效：

（一）因故意犯罪，受到刑事处罚的；

（二）因在新车环保申报工作中发生严重违反有关规定的行为，被监控中心取消新车环保申报资格的；

（三）曾被宣布考核成绩无效，并被撤销新车环保申报员资质、吊销资格证书，不满 2 年的。

第八条　考核实行网上报名与现场确认相结合。考生在网上报名后，将获得准考证号码，并按照规定到监控中心指定场所进行确认。

第九条　考生进行现场确认时，应当如实向监控中心交验下列证件：

（一）准考证号码；

（二）学历证书或职称资质证书原件及复印件；

（三）本人有效身份证件（居民身份证、军官证、士兵证）原件及复印件；

（四）加盖公章的所在单位相关推荐材料。

第十条　已获得申报资格的考生，在年度审核考核中；或第一次未通过需要进行补考的考生不需出示第九条中（二）、（三）、（四）所指定的材料。

第十一条 监控中心发布并公示考核成绩和通过考核的新车环保申报人员名单。

第十二条 根据监控中心公布的名单已通过考核的人员，应当自名单公布之日起6个月内向监控中心申请新车申报人员资格。

第十三条 向监控中心申请新车申报人员资格的，应当在网上提交《新车申报人员资格证书申请表》。监控中心对申请人授予新车申报从业人员资格的申请进行受理、审查、作出决定。

第十四条 新车申报人员资格证书由监控中心统一制作，在一年内有效。超过有效期，新车申报从业人员需在6个月内参加年度审核考核通过后其资质仍继续有效。在年度审核考核中没有通过或未能及时参加年度审核考核者均将被撤销新车申报人员资格。

第十五条 新车申报人员资格由监控中心统一实施登记管理，并建档备案。

第十六条 具备新车申报资格的人员应该遵守有关管理规定，本着认真负责、科学客观的态度，依据企业实际情况对所负责车型进行申报。如果发现在申报过程中有舞弊、作假、欺骗等行为者，监控中心将立即吊销其新车申报人员资质，同时对所属单位进行相应的处罚。

第十七条 以伪造文件、冒名代考或者其他欺骗行为参加考核，取得新车申报人员资格的，监控中心经查实当宣布成绩无效，并撤销其新车申报人员资质。

第十八条 本办法由监控中心负责解释。

第十九条 本办法自2006年10月1日起施行。

附录 1-6 新生产机动车环保达标申报人员临时资格证书申请表

<table>
<tr><td>姓名</td><td></td><td>性别</td><td></td></tr>
<tr><td>出生年月</td><td></td><td>学历</td><td></td></tr>
<tr><td>职称</td><td></td><td>政治面貌</td><td></td></tr>
<tr><td>地址</td><td colspan="3"></td></tr>
<tr><td>邮编</td><td></td><td>手机</td><td></td></tr>
<tr><td>电话</td><td></td><td>传真</td><td></td></tr>
<tr><td>E-mail</td><td></td><td>车型类别</td><td></td></tr>
<tr><td colspan="2">身份证号码</td><td colspan="2"></td></tr>
<tr><td colspan="2">申请绑定的企业名称</td><td colspan="2"></td></tr>
<tr><td colspan="2">申请绑定的企业机构代码</td><td colspan="2"></td></tr>
</table>

申请原因：

申请人签字：

（公　章）

年　　月　　日

审批意见		批准日期	

备注：

附录 2　轻型汽车申报资料要求

（1）技术资料

技术资料应包括 GB 18352.5—2005、GB 18352.3—2005、GB 3847—2005 标准中车型描述（见附录 2-1）、车载诊断（OBD）系统以及制造厂的声明（见附录 2-2）。

生产企业按网络申报的操作方法，进行网上申报。

（2）环保生产一致性保证计划书

环保生产一致性保证计划书由生产企业按网络申报的操作方法，进行网上申报。

（3）在用符合性相关资料

在用符合性相关资料的申报方法，详见附录 2-3、附录 2-4 和附录 2-5。

（4）申报函

申报函由企业按网络申报的操作方法网上申报。

（5）申报表

申报表由企业按网络申报的操作方法创建。

（6）检验（视同检验）报告

① 新车型式核准检验（视同检验）报告应由环境保护部委托的机动车排放检验机构出具；

② 检验（视同检验）报告中必须注明车辆、发动机、燃油蒸发排放控制装置、曲轴箱排放控制装置、氧传感器、废气再循环装置、电子控制单元（ECU）、气体燃料供给系统、喷油泵、喷油器、增压器、中冷器、空气喷射系统、机外净化装置和降噪配置等的型号和生产企业、并注明是否带有车载诊断 OBD 系统。

检验（视同检验）报告内容必须完整、规范。零部件生产企业名称应为全称；车型、发动机型号等信息应规范填写，保证与其他管理部门发布文件的一致性；

③ 检验（视同检验）报告应由检测机构通过网络提交到中心数据库；

④ 轻型汽车应完成的型式核准检验（视同检验）报告项目（见附表 2-1、附表 2-2）。

附表 2-1　轻型汽车应完成的型式核准检验（视同检验）报告项目（国四）

车类	适用范围	依据标准	检验项目
轻型汽油车	最大总质量不大于 3 500 kg 及最大设计速度≥50 km/h 的轻型汽油车	GB 18352.3—2005	常温和低温下排气污染物、曲轴箱污染物、蒸发污染物、双怠速试验、车载诊断 OBD 系统、耐久性
		GB 18285—2005	双怠速试验
		GB 1495—2002	加速行驶车外噪声
		GB /T 19233—2008	轻型汽车燃料消耗量

车类	适用范围	依据标准	检验项目
单一气体燃料车	最大总质量不大于 3 500 kg 及最大设计速度≥50 km/h 的轻型汽车	GB 18352.3—2005	常温下排气污染物、曲轴箱污染物、双怠速试验、车载诊断 OBD 系统、耐久性
		GB 18285—2005	双怠速试验
		GB 1495—2002	加速行驶车外噪声
两用燃料轻型汽车	最大总质量不大于 3 500 kg 及最大设计速度≥50 km/h，燃用汽油和气体燃料的轻型汽车	GB 18352.3—2005 或	试验两种燃料的常温下排气污染物、双怠速试验、车载诊断 OBD 系统；仅对燃用汽油时进行曲轴箱污染物、耐久性、蒸发污染物、低温下排气污染物
		GB 18285—2005	试验两种燃料的双怠速
		GB 1495—2002	加速行驶车外噪声
		GB /T 19233—2008	轻型汽车燃料消耗量
轻型柴油车	最大总质量不大于 3 500 kg 及最大设计速度≥50 km/h 的轻型柴油车	GB 18352.3—2005（按 GB 17691—2005 进行了发动机型式核准的除外）	排气污染物、车载诊断 OBD 系统、耐久性
		GB 3847—2005	自由加速烟度
		GB 1495—2002	加速行驶车外噪声
		GB /T 19233—2008	轻型汽车燃料消耗量

附表 2-2 轻型汽车应完成的型式核准检验（视同检验）报告项目（国五）

车类	适用范围	依据标准	检验项目
装点燃式发动机的轻型汽车（包括 HEV）	最大总质量不大于 3 500 kg 及最大设计速度≥50 km/h 的轻型汽油车及混合动力汽车	GB 18352.5—2005	常温和低温下排气污染物、曲轴箱污染物、蒸发污染物、双怠速试验、车载诊断 OBD 系统、耐久性
		GB 18285—2005	双怠速试验
		GB 1495—2002	加速行驶车外噪声
		GB /T 19233—2008	轻型汽车燃料消耗量
		HJ 509—2009	耐久基准车型后处理贵金属检测
单一气体燃料车	最大总质量不大于 3 500 kg 及最大设计速度≥50 km/h 的轻型汽车	GB 18352.5—2005	常温下排气污染物、曲轴箱污染物、双怠速试验、车载诊断 OBD 系统、耐久性
		GB 18285—2005	双怠速试验
		GB 1495—2002	加速行驶车外噪声
		HJ 509—2009	耐久基准车型后处理贵金属检测
两用燃料轻型汽车	最大总质量不大于 3500 kg 及最大设计速度≥50 km/h，燃用汽油和气体燃料的轻型汽车	GB 18352.5—2005 或	试验两种燃料的常温下排气污染物、双怠速试验、车载诊断 OBD 系统；仅对燃用汽油时进行曲轴箱污染物、耐久性、蒸发污染物、低温下排气污染物
		GB 18285—2005	试验两种燃料的双怠速
		GB 1495—2002	加速行驶车外噪声
		GB /T 19233—2008	轻型汽车燃料消耗量
		HJ 509—2009	耐久基准车型后处理贵金属检测

车类	适用范围	依据标准	检验项目
装压燃式发动机的轻型汽车（包括HEV）	最大总质量不大于 3 500 kg 及最大设计速度≥50 km/h 的轻型柴油车	GB 18352.5—2005（按 GB 17691—2005 进行了发动机型式核准的除外	排气污染物、车载诊断 OBD 系统、耐久性
		GB 3847—2005	自由加速烟度
		GB 1495—2002	加速行驶车外噪声
		GB /T 19233—2008	轻型汽车燃料消耗量
		HJ 509—2009	耐久基准车型后处理贵金属检测

注：[1] 对于装点燃式发动机的轻型汽车，颗粒物质量测量仅适用于装缸内直喷发动机的汽车。

[2] 燃油蒸发型试验前，还应按标准 5.3.4.2 的要求对炭罐进行检测。

[3] 耐久试验前，还应按标准 5.3.5.1.1 的要求对催化转化器进行检测。

[4] 轻型柴油车免除低温试验前应提交标准 5.3.6.5 要求的相关资料信息。

附录 2-1　型式核准申报技术材料（目录内容以各标准具体内容为准）

附表 2-1-1　车型及其污染控制装置的描述

1	**概述**	
1.1	主车型型号、名称	
1.2	商标	
1.3	汽车类型	
1.4	是否作为耐久基准	
1.5	制造厂的名称和地址	
1.6	车型的标识方法和位置	
1.7	OBD 通讯接口位置	
1.8	制造厂声明该车型适用的油品最高含硫量（mg/kg）	
2	**汽车总体结构特征及参数**	
2.1	典型车辆照片（右 45 度）	
2.2	排放控制件位置示意图	
2.3	驱动轴数量	
2.4	驱动轴位置	
2.5	驱动轴相互连接	
2.6	车辆外形尺寸	
2.7	汽车整备质量	
2.8	汽车最大总质量	
2.9	燃料类型	
2.10	燃油规格	
2.11	油箱容积	
2.12	燃油供给型式	
2.13	最大设计车速（km/h）	
2.14	综合油耗	
2.15	车体：座位数及车身型式	
3	**动力系**	
3.1	**概述**	
3.1.1	发动机型号生产厂	
3.1.1.1	发动机生产厂打刻标识	
3.1.2	发动机特性资料	
3.1.2.1	缸径	
3.1.2.2	工作原理	
3.1.2.3	发动机排量	
3.1.2.4	压缩比	
3.1.2.5	行程	
3.1.2.6	冲程数	

3.1.2.7	空气喷射系统型式	
3.1.2.8	汽缸数目及排列	
3.1.2.9	点火顺序	
3.1.2.10	燃烧室和活塞顶示意图，对于点燃式发动机还有活塞环示意图	
3.1.2.11	发动机正常怠速转速和高怠速转速（包括允差）	
3.1.2.12	怠速排放	
3.1.2.13	制造厂申报的发动机正常怠速排气中CO和HC的怠速转速及体积分数	
3.1.2.14	制造厂申报的发动机高怠速排气中CO和HC的怠速转速及体积分数	
3.1.2.15	制造厂申报的发动机高怠速的λ值控制范围	
3.1.2.16	最大净功率	
3.1.2.17	额定功率	
3.1.2.18	车辆适用油品最低辛烷值	
3.1.2.19	车辆标定试验所用油品辛烷值	
3.1.2.20	气门布置气门数	
3.1.2.21	进气方式	
3.1.2.22	供油方式	
3.1.2.23	操作限制/设定	
3.1.2.24	冷启动系统工作原理	
3.1.3	**燃油供给**	
3.1.3.1	燃油喷射系统（仅指压燃式）	
3.1.3.1.1	工作原理	
3.1.3.1.2	燃料喷射系统型式	
3.1.3.1.3	喷油泵	
3.1.3.1.3.1	型号和生产厂	
3.1.3.1.3.2	生产厂打刻标识	
3.1.3.1.3.3	供油特性曲线或者最大供油量	
3.1.3.1.3.4	喷油提前曲线或喷油正时	
3.1.3.1.3.5	喷油提前角	
3.1.3.1.3.6	泵端压力	
3.1.3.1.4	调速器	
3.1.3.1.4.1	型号	
3.1.3.1.4.2	怠速转速	
3.1.3.1.4.2.1	全负荷开始减油转速	
3.1.3.1.4.2.2	最高空车转速	
3.1.3.1.5	喷油器	
3.1.3.1.5.1	型号和生产厂	
3.1.3.1.5.2	生产厂打刻标识	
3.1.3.1.5.3	开启压力或特性曲线	
3.1.3.1.6	冷起动系统	

3.1.3.1.6.1	型号/生产厂	
3.1.3.1.6.2	ECU 型号/生产厂	
3.1.3.1.7	辅助起动装置	
3.1.3.1.7.1	型号生产厂	
3.1.3.2	燃料喷射系统（仅对点燃式）	是/否
3.1.3.2.1	工作原理	
3.1.3.2.2	系统说明	
3.1.3.2.2.1	电控单元型号生产厂	
3.1.3.2.2.1.1	生产厂打刻标识	
3.1.3.2.2.1.2	控制单元型式（或数量）	
3.1.3.2.2.1.3	燃料调节器型式	
3.1.3.2.2.1.4	空气流量传感器型式生产厂	
3.1.3.2.2.2	燃料分配器型式	
3.1.3.2.2.3	压力调节器型式生产厂	
3.1.3.2.2.4	微开关型式生产厂	
3.1.3.2.2.5	怠速调整螺钉型式	
3.1.3.2.2.6	节流阀体型式生产厂	
3.1.3.2.2.7	水温传感器型式生产厂	
3.1.3.2.2.8	空气温度传感器型式生产厂	
3.1.3.2.2.9	温度开关型式	
3.1.3.2.2.10	喷油器开启压力	
3.1.3.2.2.11	喷射正时	
3.1.3.2.2.12	LPG/CNG 燃料喷射装置型号/生产厂	
3.1.3.2.2.13	压力调节器型号/生产厂	
3.1.3.2.2.14	混合装置型号/生产厂	
3.1.3.2.2.15	ECU 软件版本号	
3.1.3.2.2.16	全面详细说明企业防篡改措施	
3.1.3.3	供油泵	
3.1.3.3.1	供油泵型号生产厂	
3.1.3.3.2	压力或特性曲线	
3.1.4	**点火系**	
3.1.4.1	点火装置型号生产厂	
3.1.4.1.1	工作原理	
3.1.4.1.2	点火提前曲线	
3.1.4.1.3	静态点火正时	
3.1.4.1.4	触点间隙	
3.1.4.1.5	闭合角度数	
3.1.4.2	火花塞	
3.1.4.2.1	火花塞型号/生产厂	
3.1.4.2.2	点火线圈型号/生产厂	
3.1.4.2.3	点火电容器型号/生产厂	

3.1.5	**冷却系统**	
3.1.5.1	型号和生产厂	
3.1.5.2	工作原理	
3.1.5.3	发动机温度调节器机构额定设置	
3.1.5.4	特性	
3.1.5.5	传动比	
3.1.5.6	风扇和它的传动机构的说明	
3.1.5.7	液冷性质	
3.1.6	**进气系统**	
3.1.6.1	增压器	
3.1.6.1.1	型号和生产厂	
3.1.6.1.2	生产厂打刻标识	
3.1.6.1.3	系统说明	
3.1.6.2	中冷器	
3.1.6.2.1	中冷器型式	
3.1.6.2.2	出口温度	
3.1.6.3	进气管及其附件（充气室，加热器件，附加进气等）的示意图	
3.1.6.3.1	进气支管示意图或照片	
3.1.6.3.2	空气滤清器型号/生产厂	
3.1.6.3.3	进气消声器	
3.1.6.3.3.1	型号/生产厂	
3.1.7	**排气系统**	
3.1.7.1	排气消声器型号生产厂	
3.1.7.2	生产厂打刻内容	
3.1.7.3	排气系统示意图	
3.1.7.4	排气支管示意图	
3.1.7.5	进口和出口端最小横截面积	
3.1.8	**配气正时**	
3.1.8.1	气阀最大升程，开启角度，关闭角度或者是配气系统相对于上止点的正时曲线	
3.1.8.2	可变正时系统	
3.1.8.2.1	可变正时系统开启进气设定范围	
3.1.8.2.2	可变正时系统开启排气设定范围	
3.1.8.2.3	可变正时系统关闭进气设定范围	
3.1.8.2.4	可变正时系统关闭排气设定范围	
3.1.9	**润滑系**	
3.1.9.1	润滑油储油箱位置	
3.1.9.2	供油系统	
3.1.9.3	与燃料混合百分比	
3.1.9.4	润滑剂型号生产厂	
3.1.9.5	润滑油泵型号生产厂	

3.1.9.6	机油冷却器型号生产厂	
3.1.10	**污染物排放的控制装置**	
3.1.10.1	曲轴箱气体再循环装置	
3.1.10.1.1	型号和生产厂	
3.1.10.1.2	生产厂打刻标识	
3.1.10.1.3	曲轴箱排放污染控制方式	
3.1.10.1.4	曲轴箱其他再循环装置示意图	
3.1.10.2	附加的污染控制装置(如有,而且没有包含在其他项目内)	
3.1.10.2.1	催化转化器	
3.1.10.2.1.1	型号生产厂	
3.1.10.2.1.2	生产厂打刻标识	
3.1.10.2.1.3	封装生产厂	
3.1.10.2.1.4	载体生产厂	
3.1.10.2.1.5	涂层生产厂	
3.1.10.2.1.6	催化转化器及其催化单元的数目	
3.1.10.2.1.7	催化转化器的尺寸、形状、体积	
3.1.10.2.1.8	催化转化器的作用型式	
3.1.10.2.1.9	贵金属总含量	
3.1.10.2.1.10	相对浓度（铂：钯：铑）	
3.1.10.2.1.11	载体（结构和材料）	
3.1.10.2.1.12	孔密度	
3.1.10.2.1.13	催化转化器壳体的型式	
3.1.10.2.1.14	催化转化器的位置（在排气系统中的位置（前、后、左、右）和基准距离）	
3.1.10.2.1.15	热保护	有/无
3.1.10.2.2	氧传感器	
3.1.10.2.2.1	型号和生产厂	
3.1.10.2.2.2	生产厂打刻标识	
3.1.10.2.2.3	氧传感器安装位置	
3.1.10.2.2.4	控制范围	
3.1.10.2.2.5	零件号码识别	
3.1.10.2.3	空气喷射系统	有/无
3.1.10.2.3.1	型式	
3.1.10.2.4	排气再循环	有/无
3.1.10.2.4.1	型号和生产厂	
3.1.10.2.4.2	生产厂打刻标识	
3.1.10.2.4.3	水冷系统	
3.1.10.2.4.4	特性（流量）	
3.1.10.2.5	蒸发污染物控制系统	
3.1.10.2.5.1	碳罐型号/生产厂	
3.1.10.2.5.2	生产厂打刻标识	
3.1.10.2.5.3	脱附阀开启点	

3.1.10.2.5.4	蒸发污染物控制系统的示意图	
3.1.10.2.5.5	炭罐结构示意图	
3.1.10.2.5.6	炭罐有效容积	
3.1.10.2.5.7	初始工作能力	
3.1.10.2.5.8	活性炭型号生产厂	
3.1.10.2.5.9	炭罐质量	
3.1.10.2.5.10	油箱示意图并说明其容量和材料	
3.1.10.2.5.11	油箱和排气管间的热保护说明	
3.1.10.2.5.12	燃油管的长度和材料	
3.1.10.2.5.13	全面详细说明装置和它们的调整状态	
3.1.10.2.6	颗粒捕集器	有/无
3.1.10.2.6.1	型号和生产厂	
3.1.10.2.6.2	生产厂打刻标识	
3.1.10.2.6.3	颗粒捕集器的尺寸、形状和容积	
3.1.10.2.6.4	颗粒捕集器的型式和结构	
3.1.10.2.6.5	颗粒捕集器的数目及单元数目	
3.1.10.2.6.6	热保护	有/无
3.1.10.2.6.7	额定转速下的排气流量与过滤体的有效容积之比（即：空速）	
3.1.10.2.6.8	贵金属含量	
3.1.10.2.6.9	相对浓度	
3.1.10.2.6.10	孔密度	
3.1.10.2.6.11	封装载体涂层生产厂及打刻标识	
3.1.10.2.6.12	再生系统或再生方法描述	
3.1.10.2.6.13	周期再生两次再生之间的 I 型试验循环次数	
3.1.10.2.6.14	确定两个再生阶段之间循环数目所采用方法的说明	
3.1.10.2.6.15	确定再生发生前所需的加载水平参数（温度、压力等）	
3.1.10.2.6.16	正常工作温度范围（K）及压力范围（kPa）	
3.1.10.2.6.17	在排气系统中的位置和基准距离（mm）	
3.1.10.2.6.18	安装方式描述（如：独立安装、并联安装、串联安装等）	
3.1.10.2.7	其他系统说明和工作原理	有/无
3.1.10.2.8	**车载诊断（OBD）系统**	
3.1.10.2.8.1	OBD 型号/生产厂	
3.1.10.2.8.2	MI 的书面说明和（或）示意图	
3.1.10.2.8.3	车载诊断（OBD）系统监测的所有零部件的清单和目的	
3.1.10.2.8.4	是否有 NO_x 监测功能	
3.1.10.2.8.5	是否有 IUPR 功能	
3.1.10.2.8.6	IUPR 计划书	
3.1.11	**厂家允许的温度**	
3.1.11.1	液体冷却系统出口处的最高温度	
3.1.11.2	空气冷却系统参考点	
3.1.11.3	空气冷却系统参考点处的最高温度	

3.1.11.4	中冷器进口处的最高排气温度	
3.1.11.5	靠近排气支管外边界的排气管内参考点的最高排气温度	
3.1.11.6	燃料最低及最高温度	
3.1.11.7	润滑油最低及最高温度	
3.2	**传动系**	
3.2.1	离合器（型式）	
3.2.1.1	传递的最大扭矩	
3.2.2	**变速器**	
3.2.2.1	变速箱型号、型式、厂家	
3.2.2.2	相对于发动机的位置	
3.2.2.3	档位数	
3.2.2.4	发动机飞轮的转动惯量 $kg \cdot m^2$	
3.2.2.5	不带啮合齿轮的附加转动惯量 $kg \cdot m^2$	
3.2.3	**速比**	
4	**悬挂系**	
4.1	**悬挂系型式/生产厂**	
4.1.1	车轴编号	
4.1.2	轮胎样式	
4.1.3	轮胎的型号及厂牌	
4.1.4	轮胎压力	
4.1.5	最大速度类型符号	
4.1.6	最大负荷能力指标	
4.1.7	轮辋尺寸和偏差	
4.1.8	轮胎滚动半径的上下限	

附录 2-2 OBD 申报资料

国四 OBD 申报内容

一、OBD 系统所有监测部件清单（依据 GB 18352.3—2005 中附录 A 中 A.4.2.11.2.8.2 款、A.4.2.11.2.8.4 款、A.4.2.11.2.8.5 款及 A.4.2.11.2.8.6 款的要求）见附表 2-2-1。

附表 2-2-1 OBD 系统所有监测部件清单

部件/系统	故障码	故障代码信息	监测策略	监测用辅助参数	故障指示器 MI 激活规则	预处理模式	验证试验模式
催化转化器							
氧传感器							
失火							
……							

二、下列监督项目的工作原理的详细书面说明

（包括辅助监测参数为何值时，OBD 系统对所监测的部件开始诊断即 OBD 诊断条件）。（依据 GB 18352.3—2005 中附录 A 中 A.4.2.11.2.8.3 款）

（1）点燃式发动机：

——催化器的监测（包括具体指明监督哪几个催化器及它们的位置，必要时可以画图说明）。

——失火检测（包括说明失火监督区域）。

——氧传感器的监测（包括具体指明监督哪几个氧传感器及它们的位置）。

——OBD 系统所监测的其他零部件的监测原理（EGR、二次空气喷射、蒸发脱附控制装置等，全部相关零部件）。

（2）压燃式发动机：

——催化器的监测（如有）

——微粒捕集器的监测（如有）

——电子供油系统监测

——OBD 系统监测的其他零部件。（空气质量流量控制、空气容积流量及温度控制、进气压力、进气歧管压力以及为实现这些功能相关的传感器）

三、制造厂声明（依据 GB 18352.3—2005 中 4.1.3 款（2）、（3）条的要求）

——对于装点燃式发动机的车辆，失火率达到______，将造成 I 型试验的排放物数值超过 OBD 限值。

——对于装点燃式发动机的车辆，将使催化器在造成不可挽回的损坏前出现过热的失火率。

四、故障指示器（MI）的书面说明和/或示意图；故障指示器的激活判定（固定的运转循环数或统计方法

五、说明为防止损坏和更改排放控制计算机的各项规定。

六、OBD 功能验证试验用电子模拟装置的型号、名称、生产厂以及结构示意图；劣化催化器样件的老化方式。

七、诊断接口通讯模式。

八、如果制造厂已经在国内进行了 OBD 车辆排放耐久性试验和/或 OBD 功能验证试验，提供有关的试验报告或试验记录。

国五 OBD 申报资料内容

（依据 GB 18352.5—2013 中 4.1 及附录 A 中 A.4.2.11.2.7 款的要求）

1. 车辆基础信息

车辆型号			商标	
OBD 版本号			生产厂	
发动机	燃烧过程		燃料类型	
	供油方式			
催化器型式			捕集器型式	
二次空气喷射		（有/无）	排气再循环（EGR）	（有/无）
演示试验失火率（%）			催化器永久损坏失火率（%）	
缺陷及具体描述			缺陷期	

2. 演示试验相关资料

部件/系统	故障码	监测策略	故障判定	MI 激活判定	预处理模式	验证试验模式	IUPR
催化转化器及捕集器	PO420	氧传感器 1 和 2 的信号	两个氧传感器信号差异	第三循环	2 个 I 型试验循环	I 型试验	
氧传感器							
失火							
断线							
断开进气系统							
断开供油系统							
断开 EGR							

3. 资料清单

3.1 详细的书面资料，全面叙述 OBD 系统的功能性工作特性，包括所有与汽车排放控制系统有关部件的清单。

3.2 OBD 系统故障指示器（MI）的描述。

3.3 一份声明，表明在合理可预测的行驶工况下，OBD 系统的实际监测频率（IUPR）符合 IA.7 的要求。

3.4 一份计划书详细描述所采用的技术准则和判定方法：对于每项监测，其分子计数器和分母计数器的增加应符合 IA.7.2 和 IA.7.3 的要求；其分子计数器、分母计数器和一般分母计数器的工作中断应符 IA.7.7 的要求。

3.5 制造厂应说明为防止损坏和更改排放控制电控单元的各项规定。

3.6 适用时，附件 IB 所述汽车系族的细节。

3.7 适用时，其他型式核准复印件，并附带与型式核准扩展有关的资料。

附录 2-3　在用车排放符合性自查规程

（1）确定汽车所在地的方法

描述确定的原则，对 6 个月或 15 000 km（以后到达者为准），且不超过 5 年或 100 000 km 的车型（以先到达者为准），确定抽查对象：抽查车型按系族划分选择其代表性车型和销量大的地区及车型

（2）所采用的样车数和采样计划

样车数量、采样时间、采样地点。

（3）确定自查车型选择或剔除的准则

（4）确定自查的方式

描述跟踪、抽查、检验方式方法，以及确定的频次和依据，至少包括：

① OBD 故障指示灯点亮的跟踪，跟踪的比例；

② 高怠速排放和 λ 值的检查，自查的条件和比例；

③ I 型排放试验的原因和比例；

④ 统计分析判断高排放车辆的问题原因；

⑤ 提出解决问题的方法和措施。

（5）在用车系族的划分见标准 GB 18352.3—2005 中 8.1.1 条，GB 18352.5—2013 中 N.2.4

（6）制造厂收集资料的地域范围

说明自查车型资料的所在地区。

（7）按在用车系族划分的全系列车型的自查计划

（8）提交自查地区企业进行在用车排放跟踪的详细地址

附录 2-4　在用车排放符合性年度自查计划

生产企业制定的在用车排放符合性年度自查计划应至少包括以下内容：

（1）实施地点。

（2）自查车型。

（3）自查方式

如跟踪 OBD 故障指示灯点亮情况，进行高怠速排放、λ 检查和 I 型试验等。

（4）自查车型数量、自查频次。

（5）自查时间。

企业应按照下表（附表 2-4-1）制订在用车排放符合性自查计划表，并上报。

附表 2-4-1　在用车排放符合性自查计划表

<table>
<tr><th rowspan="4">车型</th><th rowspan="4">VIN</th><th rowspan="4">发动机号</th><th rowspan="4">售出时间</th><th rowspan="4">售出地点</th><th rowspan="4">行驶里程</th><th rowspan="4">自查时间</th><th colspan="9">自查方式</th><th rowspan="4">说明</th></tr>
<tr><th colspan="2" rowspan="2">OBD 故障指示灯点亮</th><th colspan="4">高怠速</th><th colspan="3">I 型试验排放测试结果</th></tr>
<tr><th rowspan="2">转速</th><th rowspan="2">CO</th><th rowspan="2">HC</th><th rowspan="2">λ</th><th rowspan="2">CO</th><th rowspan="2">HC</th><th rowspan="2">NO_x</th></tr>
<tr><th>次数</th><th>里程</th></tr>
<tr><td></td><td></td><td></td><td></td><td></td><td></td><td></td><td></td><td></td><td></td><td></td><td></td><td></td><td></td><td></td><td></td><td></td></tr>
<tr><td></td><td></td><td></td><td></td><td></td><td></td><td></td><td></td><td></td><td></td><td></td><td></td><td></td><td></td><td></td><td></td><td></td></tr>
</table>

附录 2-5　在用车排放符合性自查年度报告

在用车排放符合性自查年度报告应包含下述内容：

（1）满足 GB 18352.3—2005，GB 18352.5—2013 标准要求的车辆信息，如销售数量和销售地点等。

（2）跟踪车辆售出后的使用信息。

（3）抽查对象：自查的车型及数量应注意选择具有代表性的车型。

（4）抽样检查的实验内容及结果，包括 OBD 记录、高怠速排放、λ值检查和 I 型试验等。

（5）实施地点：抽样地点、检测地点。

（6）自查频次。

（7）情况分析，包括：

① 自查结果的统计、分析资料；

② 被剔除样车的分析资料；

③ 高排放车原因分析。

（8）补救措施的汇总。

附表 2-5-1　在用车排放符合性自查年度报告表（国五）

车型	VIN	车牌	生产日期	使用地区	样车被剔除原因	样车维护历史	样车修理历史	试验日期	试验地点	里程表读数	试验燃料规格	试验结果	IUPR 从车上下载的所有数据	IUPRM 的平均值	IUPRM 值大于等于 0.1 的样车百分比

附表 2-5-2　在用车排放符合性自查年度报告表（国四）

车型	使用地点	自查数量	OBD 故障灯点亮		自查结果统计				说 明
					高怠速排放统计		I 型试验排放统计		
			次数	里程	合格	不合格	合格	不合格	

附录3　重型汽车和车用发动机申报资料要求

（1）技术资料

对于重型汽车、车用发动机以及拟按 GB 17691—2005 进行型式核准的 N1 类和 M2 类轻型汽车，技术资料应包括 GB 17691—2005 标准中车、机型描述（见附录 3-1、附录 3-2）和电子排放控制系统说明以及制造厂的声明（见附录 3-3）、车载诊断（OBD）系统以及制造厂的声明（见附录 3-4）。生产企业按网络申报的操作方法，进行网上申报。

（2）生产一致性保证计划书

生产一致性保证计划书由生产企业按网络申报的操作方法网上申报。

（3）在用符合性相关资料

在用符合性相关资料的申报方法，详见附录 3-5、附录 3-6 和附录 3-7。

（4）申报函

申报函由企业按网络申报的操作方法创建，网上申报。

（5）申报表

申报表由企业按网络申报的操作方法创建。

（6）申报数据表

申报数据表由企业网上申报；

申报数据表中的所有项目必须依据检验（视同检验）报告如实、规范地填写。

（7）检验（视同检验）报告

① 新车型式核准检验（视同检验）报告应由环境保护部委托的机动车排放检验机构出具；

② 检验（视同检验）报告中必须注明车辆、发动机、废气再循环装置、电子控制单元（ECU）、车载诊断（OBD）系统、燃料供给系统、喷油泵、喷油器、增压器、中冷器、空气喷射系统、排气后处理系统和降噪配置等的型号和生产企业。

检验（视同检验）报告内容必须完整、规范。零部件生产企业名称应为全称；车型、发动机型号等信息应规范填写，保证与其他管理部门发布文件的一致性；

③ 检验（视同检验）报告应由检测机构通过网络传递到中心数据库；

④ 在不能出具电子视同报告的情况下，应出具加盖检验单位公章和骑缝章的书面视同检验报告原件。书面视同检验报告应与被视同车型的基准检验报告（可为复印件，但必须加盖申报企业公章）同时提交。书面的检验（视同检验）报告必须完整、清晰。

⑤ 车型和发动机型应完成的型式核准检验（视同检验）报告项目（见附表 3-1 和附表 3-2）。

附表 3-1　第Ⅳ阶段排放标准型式核准试验项目

车类	适用范围	依据标准	检验项目
压燃式发动机	设计车速大于 25 km/h 的 M2、M3、N1、N2 和 N3 类及最大总质量大于 3500 kg 的 M1 类的机动车装用的压燃式发动机	GB 17691—2005	发动机排气污染物：ESC；ELR；ETC
		GB 3847—2005	全负荷稳定转速排气烟度、自由加速排气烟度
		HJ 437—2008	车载诊断（OBD）系统试验
		HJ 438—2008	排放控制系统耐久性试验
		HJ 689—2013	排气污染物及耐久性 WHTC（仅适用城市车辆用发动机）
气体燃料点燃式发动机	设计车速大于 25 km/h 的 M2、M3、N1、N2 和 N3 类及最大总质量大于 3500 kg 的 M1 类的机动车装用的气体燃料点燃式发动机	GB 17691—2005	排气污染物 ETC
		HJ 438—2008	排放控制系统耐久性试验
重型汽油机	设计车速大于 25 km/h 的 M2、M3、N2 和 N3 类及最大总质量大于 3500 kg 的 M1 类的机动车装用的汽油发动机	GB 14762—2008	排气污染物
		GB 20890—2008	排放控制系统耐久性
装用压燃式发动机的重型车	最大总质量大于 3500 kg 及设计车速大于 50 km/h 的装用压燃式发动机的重型车	GB 1495—2002	加速行驶车外噪声
装用气体燃料点燃式发动机的重型车	最大总质量大于 3500 kg 及设计车速大于 50 km/h 的装用气体燃料点燃式发动机的重型车	GB 18285—2005	汽车排气污染物（双怠速法）
		GB 11340—2005	曲轴箱排放
		GB 1495—2002	加速行驶车外噪声
重型汽油车	设计车速大于 25 km/h 的 M2、M3、N2 和 N3 类及最大总质量大于 3500 kg 的 M1 类的汽油车	GB 14763—2005	燃油蒸发污染物
		GB 18285—2005	汽车排气污染物（双怠速法）
		GB 11340—2005	曲轴箱排放
		GB 1495—2002	加速行驶车外噪声

附表 3-2　第Ⅴ阶段排放标准型式核准试验项目

车类	适用范围	依据标准	检验项目
压燃式发动机	设计车速大于 25 km/h 的 M2、M3、N1、N2 和 N3 类及最大总质量大于 3 500 kg 的 M1 类的机动车装用的压燃式发动机	GB 17691—2005	发动机排气污染物：ESC；ELR；ETC
		GB 3847—2005	全负荷稳定转速排气烟度、自由加速排气烟度
		HJ 437—2008	车载诊断（OBD）系统试验
		HJ 438—2008	排放控制系统耐久性试验
		HJ 689—2013	排气污染物及耐久性 WHTC（仅适用城市车辆用发动机）
气体燃料点燃式发动机	设计车速大于 25 km/h 的 M2、M3、N1、N2 和 N3 类及最大总质量大于 3500 kg 的 M1 类的机动车装用的气体燃料点燃式发动机	GB 17691—2005	排气污染物 ETC
		HJ 438—2008	排放控制系统耐久性试验
装用压燃式发动机的重型车	最大总质量大于 3 500 kg 及设计车速大于 50 km/h 的装用压燃式发动机的重型车	GB 1495—2002	加速行驶车外噪声
装用气体燃料点燃式发动机的重型车	最大总质量大于 3 500 kg 及设计车速大于 50 km/h 的装用气体燃料点燃式发动机的重型车	GB 18285—2005	汽车排气污染物（双怠速法）
		GB 11340—2005	曲轴箱排放
		GB 1495—2002	加速行驶车外噪声

附录 3-1　重型压燃式、气体燃料点燃式发动机及重型汽油机型式核准申报技术材料（附表 3-3、附表 3-4 和附表 3-5）

附表 3-3　压燃式发动机型式核准申报技术资料

1	发动机描述	
1.1	系族名称	
1.2	型号	
1.3	生产厂	
1.4	商标	
1.5	生产厂地址	
1.6	燃料供给系统型式	直列泵/分配泵/泵喷嘴/高压共轨/单体泵
1.7	燃烧系统说明	压燃
1.8	循环	四冲程/二冲程
1.9	汽缸数和排列	（3/4/5/6/8……，直列/V 型/……）
1.9.1	缸径（mm）	
1.9.2	行程（mm）	
1.9.3	汽缸工作顺序	（如：1-4-2-3）
1.10	发动机排量（L）	
1.11	压缩比	（？：1）
1.12	燃烧室和活塞顶图纸	（2 个图）
1.13	进排气口的最小横截面积（cm^2）	
1.14	缸心距（mm）	
1.15	缸体构造	（湿式缸套/干式缸套/无缸套）
1.16	单缸气门数个	
1.17	怠速（r/min）	
1.18	最大净功率[kW/（r·min）]	
1.19	额定功率[kW/（r·min）]	
1.20	发动机最高允许（r/min）	
1.21	最大净扭矩[Nm/（r·min）]	
1.22	全负荷开始减油点的转速（r/min）	
1.23	城市车辆用发动机	（是/否）
2	冷却系统	
2.1	冷却方式	液冷/风冷
2.2	液冷	
2.2.1	液体性质	（水/冷却液/水与冷却液混合）
2.2.2	循环泵型号	
2.2.3	循环泵生产厂	
2.2.4	传动比	
2.2.5	节温器	
2.2.6	风扇型号生产厂	
2.2.7	风扇传动系统传动比	

<table>
<tr><td>2.3</td><td colspan="3">风冷</td></tr>
<tr><td>2.3.1</td><td colspan="2">风机型号</td><td></td></tr>
<tr><td>2.3.2</td><td colspan="2">风机生产厂</td><td></td></tr>
<tr><td>2.3.3</td><td colspan="2">风机传动比</td><td></td></tr>
<tr><td>3</td><td colspan="3">制造厂的允许温度</td></tr>
<tr><td>3.1</td><td colspan="2">液冷出口处最高温度（K）</td><td></td></tr>
<tr><td rowspan="2">3.2</td><td colspan="2">风冷基准点</td><td></td></tr>
<tr><td colspan="2">基准点处最高温度（K）</td><td></td></tr>
<tr><td>3.3</td><td colspan="2">进气中冷器出口处空气的最高温度（K）</td><td></td></tr>
<tr><td>3.4</td><td colspan="2">排气管靠近排气歧管或增压器的出口凸缘处内的最高排气温度（K）</td><td></td></tr>
<tr><td rowspan="2">3.5</td><td rowspan="2">燃料温度：</td><td>最低（K）</td><td rowspan="2">对于柴油机，在喷射泵进口处</td></tr>
<tr><td>最高（K）</td></tr>
<tr><td rowspan="2">3.6</td><td rowspan="2">润滑油温度：</td><td>最低（K）</td><td></td></tr>
<tr><td>最高（K）</td><td></td></tr>
<tr><td>4</td><td colspan="3">进气系统</td></tr>
<tr><td>4.1</td><td colspan="2">增压器</td><td></td></tr>
<tr><td>4.1.1</td><td colspan="2">型号</td><td></td></tr>
<tr><td>4.1.2</td><td colspan="2">生产厂（及标识打刻内容）</td><td></td></tr>
<tr><td>4.1.3</td><td colspan="2">系统描述</td><td>如：最高进气压力、放气阀</td></tr>
<tr><td>4.2</td><td colspan="3">中冷器型式</td></tr>
<tr><td>4.3</td><td colspan="2">进气方式</td><td>如：增压中冷等</td></tr>
<tr><td>4.4</td><td colspan="2">在 GB /T 17692 所规定的运转条件下，并在发动机额定转速和 100%负荷下，允许的最大进气阻力（kPa）</td><td></td></tr>
<tr><td>5</td><td colspan="3">排气系统</td></tr>
<tr><td>5.1</td><td colspan="2">在 GB /T 17692 所规定的运转条件下，并在发动机额定转速和 100%负荷下，允许的最大排气背压（kPa）</td><td></td></tr>
<tr><td>5.2</td><td colspan="2">排气系统容积（L）</td><td>装车后发动机排气歧管或增压器出口凸缘处法兰至排气系统通大气出口处的管路容积</td></tr>
<tr><td>6</td><td colspan="3">燃料供给</td></tr>
<tr><td>6.1</td><td colspan="2">输油泵压力</td><td></td></tr>
<tr><td>6.2</td><td colspan="2">喷射系统</td><td></td></tr>
<tr><td>6.2.1</td><td colspan="2">喷油泵型号</td><td></td></tr>
<tr><td>6.2.2</td><td colspan="2">喷油泵生产厂（及标识打刻内容）</td><td></td></tr>
<tr><td rowspan="2">6.2.3</td><td colspan="2">最大扭矩转速时，每冲程最大供油量（mm^3）</td><td></td></tr>
<tr><td colspan="2">额定转速时，每冲程最大供油量（mm^3）</td><td></td></tr>
<tr><td>6.2.4</td><td colspan="2">所用试验方法</td><td>（在发动机上/在油泵试验台上）</td></tr>
<tr><td>6.2.5</td><td colspan="2">最高喷油压力（MPa）</td><td></td></tr>
<tr><td>6.3</td><td colspan="2">共轨</td><td></td></tr>
<tr><td>6.3.1</td><td colspan="2">共轨管生产厂（及标识打刻内容）</td><td></td></tr>
</table>

6.3.2	共轨管类型	
6.3.3	工作轨压（MPa）	
6.4	高压油管	
6.4.1	长度（mm）	
6.4.2	内径（mm）	
6.5	喷油器	
6.5.1	生产厂（及标识打刻内容）	
6.5.2	型号	
6.5.3	开启压力	（$X \pm \Delta x$）______MPa
	或特性曲线	（图）
6.6	调速器	
6.6.1	型号	
6.6.2	生产厂	
6.7	冷起动装置	
6.7.1	型号	
6.7.2	生产厂	
6.7.3	说明	
6.8	辅助起动装置	
6.8.1	型号	
6.8.2	生产厂	
6.8.3	说明	
6.9	润滑剂	
6.9.1	型号	
6.9.2	生产厂	
7	**电子控制**	
7.1	发动机电控单元（EECU）	
7.1.1	型号	
7.1.2	生产厂	
7.1.3	可调性	
7.1.4	ECU 文件包	
7.1.5	软件标定号	
7.2	车载诊断（OBD）系统	
7.2.1	型号	
7.2.2	生产厂	
7.2.3	文件包	（依据 HJ 437—2008 标准附录 A 要求）
7.3	扭矩限制器	
7.3.1	扭矩限制器启动的描述	
7.3.2	全负荷曲线限制特性的描述	
8	**气阀正时**	
8.1	进气和排气气阀的最大升程（mm）	
	相对于上、下止点的开闭角度（度）	
	基准和/或设定范围	

9	**防止污染控制附加装置**	
9.1	EGR	
9.1.1	型号	
9.1.2	生产厂（及标识打刻内容）	
9.1.3	控制方式	
9.1.4	特征曲线示意图	（图片）
9.1.5	冷却	（有/无）
9.2	空气喷射装置	
9.2.1	型号	
9.2.2	生产厂	
9.2.3	型式	
9.3	其他装置	
9.3.1	型号	
9.3.2	生产厂	
9.3.3	系统说明	
10	**排气后处理系统**	
10.1	排气后处理系统型式	催化转化器（氧化/三效） deNO$_x$系统（吸附型NO$_x$催化器） deNO$_x$系统（选择性催化还原（SCR）系统） deNO$_x$系统（其他类型） 颗粒物捕集器 组合式降氮氧化物（deNO$_x$）—颗粒物系统 其他降低排气污染物装置
10.1.1	系统图纸或照片	
10.1.2	系统工作方式描述	
10.1.3	系统结构描述	
10.2	催化转化器	（DOC /SCR）
10.2.1	型号	
10.2.2	生产厂（及标识打刻内容）	
10.2.3	尺寸（mm）	
10.2.4	体积（cm^3）	
10.2.5	贵金属总含量	
10.2.6	相对浓度（铂：铑：钯）	
10.2.7	孔密度目	
10.2.8	催化转化器装车数（目）	
10.2.9	催化单元数目	
10.2.10	载体结构	
10.2.11	热保护	（有/无）
10.2.12	载体材料	
10.2.13	载体生产厂（及标识打刻内容）	
10.2.14	封装企业名称（及标识打刻内容）	
10.2.15	催化转化器壳体型式	（半壳式/捆绑式/塞入式）

10.2.16	涂层生产厂（及标识打刻内容）	
10.2.17	涂层材料	
10.2.18	催化转化器的位置在排气系统中的位置和基准距离（mm）	
10.2.19	催化转化器的正常工作温度范围（K）	
10.2.20	催化转化器安装方式描述（如：独立安装、并联安装、串联安装等）	
10.2.21	额定转速下排气流量与载体的有效容积之比（即：空速）	
10.3	反应剂喷射系统	
10.3.1	喷射系统型号	
10.3.2	喷射系统生产厂	
10.3.3	喷射器型号	
10.3.4	喷射器生产厂	
10.4	反应剂	
10.4.1	名称	
10.4.2	生产厂	
10.4.3	类型	
10.4.4	浓度	
10.4.5	正常工作温度范围（K）	
10.4.6	执行标准	
10.4.7	补充频率	（连续/维修保养）
10.4.8	反应剂喷射位置	
10.5	NO_x 传感器	
10.5.1	型号	
10.5.2	生产厂	
10.5.3	安装位置	
10.6	尿素喷射控制单元（DCU）	
10.6.1	型号	
10.6.2	生产厂	
10.6.3	软件标定号	
10.7	氧传感器	
10.7.1	型号	
10.7.2	生产厂	
10.7.3	安装位置	
10.7.4	控制范围	
10.8	颗粒物捕集器	（DPF/POC）
10.8.1	型号	
10.8.2	生产厂（及标识打刻内容）	
10.8.3	系统型式	（如：壁流式/直通式）
10.8.4	形状	（图片）
10.8.5	尺寸（mm）	

<table>
<tr><td>10.8.6</td><td>单元数目</td><td colspan="4"></td></tr>
<tr><td>10.8.7</td><td>过滤体容积（cm^3）</td><td colspan="4"></td></tr>
<tr><td>10.8.8</td><td>过滤体结构</td><td colspan="4"></td></tr>
<tr><td>10.8.9</td><td>贵金属总含量（g）</td><td colspan="4"></td></tr>
<tr><td>10.8.10</td><td>贵金属含量（g/L）</td><td colspan="4"></td></tr>
<tr><td>10.8.11</td><td>相对浓度（铂：铑：钯）</td><td colspan="4"></td></tr>
<tr><td>10.8.12</td><td>孔密度（目）</td><td colspan="4"></td></tr>
<tr><td>10.8.13</td><td>载体材料</td><td colspan="4"></td></tr>
<tr><td>10.8.14</td><td>载体生产厂（及标识打刻内容）</td><td colspan="4"></td></tr>
<tr><td>10.8.15</td><td>再生方式</td><td colspan="4">（连续再生/周期再生）</td></tr>
<tr><td>10.8.16</td><td>再生方法描述</td><td colspan="4"></td></tr>
<tr><td>10.8.17</td><td>周期再生两次再生之间的 ETC 试验循环次数</td><td colspan="4"></td></tr>
<tr><td>10.8.18</td><td>周期再生期间的 ETC 试验循环次数</td><td colspan="4"></td></tr>
<tr><td>10.8.19</td><td>壳体型式</td><td colspan="4"></td></tr>
<tr><td>10.8.20</td><td>封装企业名称（及标识打刻内容）</td><td colspan="4"></td></tr>
<tr><td>10.8.21</td><td>涂层材料</td><td colspan="4"></td></tr>
<tr><td>10.8.22</td><td>涂层生产厂（及标识打刻内容）</td><td colspan="4"></td></tr>
<tr><td>10.8.23</td><td>额定转速下排气流量与过滤体有效容积之比（即：空速）</td><td colspan="4"></td></tr>
<tr><td>10.8.24</td><td>正常工作温度范围（K）</td><td colspan="4"></td></tr>
<tr><td>10.8.25</td><td>正常工作压力范围（K）</td><td colspan="4"></td></tr>
<tr><td>10.8.26</td><td>在排气系统中的位置和基准距离（mm）</td><td colspan="4"></td></tr>
<tr><td>10.8.27</td><td>安装方式描述</td><td colspan="4">（如：独立安装、并联安装、串联安装等）</td></tr>
<tr><td>11</td><td colspan="5">试验条件的附加说明</td></tr>
<tr><td>11.1</td><td>润滑油</td><td colspan="4"></td></tr>
<tr><td>11.1.1</td><td>型号</td><td colspan="4"></td></tr>
<tr><td>11.1.2</td><td>生产厂</td><td colspan="4"></td></tr>
<tr><td>11.2</td><td colspan="5">发动机驱动的设备</td></tr>
<tr><td>11.2.1</td><td>安装的附件清单</td><td colspan="4">如：风扇等</td></tr>
<tr><td rowspan="4">11.2.1.1</td><td colspan="5">下列发动机转速下附件吸收的功率</td></tr>
<tr><td rowspan="2">设备</td><td colspan="4">不同发动机转速下吸收的功率（kW）</td></tr>
<tr><td>转速 A 下</td><td>转速 B 下</td><td>转速 C 下</td><td>基准转速下</td></tr>
<tr><td>P（a）运转发动机所需附件名称</td><td></td><td></td><td></td><td></td></tr>
<tr><td>12</td><td colspan="5">发动机性能</td></tr>
<tr><td rowspan="5">12.1</td><td>发动机转速</td><td colspan="4"></td></tr>
<tr><td>转速 A（r/min）</td><td colspan="4"></td></tr>
<tr><td>转速 B（r/min）</td><td colspan="4"></td></tr>
<tr><td>转速 C（r/min）</td><td colspan="4"></td></tr>
<tr><td>基准转速（r/min）</td><td colspan="4"></td></tr>
</table>

附表 3-4 气体燃料点燃式发动机型式核准申报技术资料

1	**发动机描述**	
1.1	型号	
1.2	制造厂的名称	
1.3	生产厂地址	
1.4	商标	
1.5	循环：四冲程/二冲程	
1.6	汽缸数和排列	（3/4/5/6/8……，直列/V 型/……）
1.7	缸径（mm）	
1.8	行程（mm）	
1.9	点火次序	（如：1-4-2-3）
1.10	发动机排量（L）	
1.11	压缩比	（？：1）
1.12	单缸气门数	
1.13	缸心距（mm）	
1.14	缸体构造	
1.15	燃烧室示意图	（图）
1.16	活塞顶示意图	（图）
1.17	进排气口的最小横截面积（cm^2）	
1.18	怠速转速（r/min）	
1.19	发动机最高允许转速（r/min）	
1.20	全负荷开始减油点的转速（r/min）	
1.21	最大净功率[kW/（r • min）]	
1.22	额定功率[kW/（r • min）]	
1.23	最大扭矩[Nm/（r • min）]	
1.24	燃烧系统说明	直喷/预燃/涡流
1.25	燃烧室型式	
2	**冷却系统**	
2.1	液冷	
2.1.1	液体性质	（水/冷却液/水与冷却液混合）
2.1.2	循环泵型号	
2.1.3	循环泵生产厂	
2.1.4	传动比	
2.1.5	节温器	
2.1.6	风扇型号生产厂	
2.1.7	风扇传动系统传动比	
2.2	风冷	
2.2.1	风机型号生产厂	
2.2.2	导风罩	
2.2.3	风机传动比	
2.2.4	温度调节系统说明	

3	**制造厂的允许温度**		
3.1	液冷出口处最高温度（K）		
3.2	风冷基准点		
	基准点处最高温度（K）		
3.3	进气中冷器出口处空气的最高温度（K）		
3.4	排气管靠近排气歧管或增压器的出口凸缘处内的最高排气温度		
3.5	燃料温度	最低（K）	对于燃气发动机，在压力调节器最后级
		最高（K）	
3.6	燃料压力	最低（kPa）	仅对燃用 NG 的发动机，在压力调节器最后级
		最高（kPa）	
3.7	润滑油温度：	最低（K）	
		最高（K）	
4	**进气系统**		
4.1	进气管及附件的说明和示意图		
4.2	进气歧管说明和示意图		
4.3	在 GB /T 17692 所规定的运转条件下，并在发动机额定转速和 100%负荷下，允许的最大进气真空度（kPa）		
4.4	增压器		
4.4.1	增压器型号		
4.4.2	增压器生产厂（及标识打刻内容）		
4.4.3	系统描述		如：最高进气压力、放气阀（如有）
4.5	中冷器型式		如：空一空中冷
5	**排气系统**		
5.1	排气系统示意图及说明		说明（如有特殊处可说明）
5.2	在 GB /T 17692 所规定的运转条件下，并在发动机额定转速和 100%负荷下，允许的最大排气背压（kPa）		
5.3	排气系统容积（L）		装车后发动机排气歧管或增压器出口凸缘处法兰至排气系统通大气出口处的管路容积
6	**燃料供给**		
6.1	燃料：NG/LPG[2]		
6.2	蒸发器/压力调节器		选一
6.2.1	型号		
6.2.2	生产厂（及标识打刻内容）		
6.2.3	末级压力：	最小（kPa）	
		最大（kPa）	
6.2.4	主要调节点的数量		
6.3	燃料供给系统		混合装置/燃气喷射/液态喷射/直接喷射
6.3.1	系统说明和/或曲线和示意图		

6.3.2	最大扭矩转速时，每冲程最大燃料供给量（mm^3）	
6.3.3	额定转速时，每冲程最大燃料供给量（mm^3）	
6.4	混合装置	
6.4.1	型号	
6.4.2	生产厂（及标识打刻内容）	
6.4.3	型式	
6.4.4	可调性	
6.5	进气支管喷射	
6.5.1	喷射：单点/多点	
6.5.2	喷射：连续/定时同时/定时依次	
6.5.3	喷射装置	
6.5.3.1	型号	
6.5.3.2	生产厂（及标识打刻内容）	
6.5.3.3	可调性	
6.5.4	输油泵（如适用）	
6.5.4.1	型号	
6.5.4.2	生产厂	
6.5.5	喷射器	
6.5.5.1	型号	
6.5.5.2	生产厂（及标识打刻内容）	
6.6	直接喷射	
6.6.1	喷射泵	
6.6.1.1	型号	
6.6.1.2	生产厂（及标识打刻内容）	
6.6.1.3	喷射正时	
6.6.2	喷射器	
6.6.2.1	型号	
6.6.2.2	生产厂（及标识打刻内容）	
6.6.2.3	开启压力或特征曲线	
7	**电子控制**	
7.1	发动机电控单元（EECU）	
7.1.1	型号	
7.1.2	生产厂	
7.1.3	可调性	
7.1.4	ECU 文件包	
7.1.5	软件标定号	
7.2	车载诊断（OBD）系统	
7.2.1	型号	
7.2.2	生产厂	
7.2.3	文件包	（依据 HJ 437—2008 标准附录 A 要求）

8	**气阀正时**	
8.1	进气和排气气阀的最大升程（mm）	
	相对于上、下止点的开闭角度（度）	
	或者是配气系统相对于上止点的正时曲线	（图）
9	**点火系统**	
9.1	点火系统型式：公用线圈和火花塞/独立线圈和火花塞/其他（说明）（选一）	
9.2	点火控制单元	
9.2.1	型号	
9.2.2	生产厂	
9.2.3	点火提前曲线/提前图（map）	
9.2.4	静态点火正时：上止点前度数	
9.3	火花塞	
9.3.1	型号	
9.3.2	生产厂	
9.3.3	间隙设定	
9.4	点火线圈	
9.4.1	型号	
9.4.2	生产厂	
10	**防止污染控制装置**	
10.1	曲轴箱气体再循环装置	
10.1.1	型号	
10.1.2	生产厂（及标识打刻内容）	
10.2	催化转化器	
10.2.1	型号	
10.2.2	生产厂（及标识打刻内容）	
10.2.3	尺寸（mm）	
10.2.4	体积（cm^3）	
10.2.5	贵金属总含量	
10.2.6	相对浓度（铂：铑：钯）	
10.2.7	孔密度（目）	
10.2.8	催化转化器装车数目	
10.2.9	催化单元数目	
10.2.10	载体结构	
10.2.11	热保护	（有/无）
10.2.12	载体材料	
10.2.13	载体生产厂（及标识打刻内容）	
10.2.14	封装企业名称（及标识打刻内容）	
10.2.15	催化转化器壳体型式	（壳式/捆绑式/塞入式）
10.2.16	涂层生产厂（及标识打刻内容）	
10.2.17	涂层材料	
10.2.18	催化转化器的位置（在排气系统中的位置和基准距离）（mm）	

<table>
<tr><td>10.2.19</td><td colspan="2">催化转化器的正常工作温度范围（K）</td><td></td></tr>
<tr><td>10.2.20</td><td colspan="2">催化转化器安装方式描述（如：独立安装、并联安装、串联安装等）</td><td></td></tr>
<tr><td>10.2.21</td><td colspan="2">额定转速下的排气流量与载体的有效容积之比（即：空速）</td><td></td></tr>
<tr><td>10.3</td><td colspan="2">氧传感器</td><td></td></tr>
<tr><td>10.3.1</td><td colspan="2">型号</td><td></td></tr>
<tr><td>10.3.2</td><td colspan="2">生产厂（及标识打刻内容）</td><td></td></tr>
<tr><td>10.3.3</td><td colspan="2">位置</td><td></td></tr>
<tr><td>10.3.4</td><td colspan="2">控制范围</td><td></td></tr>
<tr><td>10.4</td><td colspan="2">空气喷射</td><td></td></tr>
<tr><td>10.4.1</td><td colspan="2">型号</td><td></td></tr>
<tr><td>10.4.2</td><td colspan="2">生产厂</td><td></td></tr>
<tr><td>10.4.3</td><td colspan="2">型式</td><td>（脉动空气，空气泵，等）</td></tr>
<tr><td>10.5</td><td colspan="2">排气再循环（EGR）</td><td></td></tr>
<tr><td>10.5.1</td><td colspan="2">型号</td><td></td></tr>
<tr><td>10.5.2</td><td colspan="2">生产厂（及标识打刻内容）</td><td></td></tr>
<tr><td>10.5.3</td><td colspan="2">特性</td><td></td></tr>
<tr><td>10.5.3.1</td><td colspan="2">控制方式</td><td>（机械式/电控式）</td></tr>
<tr><td>10.5.3.2</td><td colspan="2">特性曲线图</td><td></td></tr>
<tr><td>10.5.4</td><td colspan="2">冷却</td><td>（有/无）</td></tr>
<tr><td>10.6</td><td colspan="2">其他系统</td><td>（有/无）</td></tr>
<tr><td>10.6.1</td><td colspan="2">描述和功能</td><td></td></tr>
<tr><td>11</td><td colspan="3">试验条件的附加说明</td></tr>
<tr><td>11.1</td><td colspan="2">润滑油</td><td></td></tr>
<tr><td>11.1.1</td><td colspan="2">型号</td><td></td></tr>
<tr><td>11.1.2</td><td colspan="2">生产厂</td><td></td></tr>
<tr><td>11.2</td><td colspan="2">发动机驱动的设备</td><td></td></tr>
<tr><td>11.2.1</td><td colspan="2">安装的附件清单</td><td>如：风扇等</td></tr>
<tr><td rowspan="4">11.2.2</td><td colspan="3">下列发动机转速下附件吸收的功率</td></tr>
<tr><td rowspan="2">设备</td><td colspan="2">不同发动机转速下吸收的功率（kW）</td></tr>
<tr><td>怠速下</td><td>基准转速下</td></tr>
<tr><td>附件名称</td><td></td><td></td></tr>
<tr><td>11.3</td><td colspan="3">发动机性能</td></tr>
<tr><td rowspan="3">11.3.1</td><td colspan="3">发动机转速</td></tr>
<tr><td colspan="2">怠速（r/min）</td><td></td></tr>
<tr><td colspan="2">基准转速（r/min）</td><td></td></tr>
</table>

附表 3-5 重型汽油机型式核准申报技术资料

1	发动机描述	
1.1	型号	
1.2	制造厂的名称	
1.3	生产厂地址	
1.4	商标	
1.5	循环：四冲程/二冲程	
1.6	汽缸数和排列	（3/4/5/6/8……，直列/V 型/……）
1.7	缸径（mm）	
1.8	行程（mm）	
1.9	点火次序	（如：1-4-2-3）
1.10	发动机排量（L）	
1.11	压缩比	（？：1）
1.12	单缸气门数	
1.13	缸心距（mm）	
1.14	缸体构造	
1.15	燃烧室示意图	（图）
1.16	活塞顶示意图	（图）
1.17	进排气口的最小横截面积（cm^2）	
1.18	怠速转速（r/min）	
1.19	发动机最高允许转速（r/min）	
1.20	全负荷开始减油点的转速（r/min）	
1.21	最大净功率[kW/（r·min）]	
1.22	额定功率[kW/（r·min）]	
1.23	最大扭矩[Nm/（r·min）]	
1.24	燃烧系统说明	直喷/预燃/涡流
1.25	燃烧室型式	
2	冷却系统	
2.1	液冷	
2.1.1	液体性质	（水/冷却液/水与冷却液混合）
2.1.2	循环泵型号	
2.1.3	循环泵生产厂	
2.1.4	传动比	
2.1.5	节温器	
2.1.6	风扇型号生产厂	
2.1.7	风扇传动系统传动比	
2.2	风冷	

2.2.1	风机型号生产厂		
2.2.2	导风罩		
2.2.3	风机传动比		
2.2.4	温度调节系统说明		
3	**制造厂的允许温度**		
3.1	液冷出口处最高温度 K		
3.2	风冷基准点		
	基准点处最高温度（K）		
3.3	进气中冷器出口处空气的最高温度（K）		
3.4	排气管靠近排气歧管或增压器的出口凸缘处内的最高排气温度		
3.5	燃料温度：	最低（K）	
		最高（K）	
3.6	润滑油温度：	最低（K）	
		最高（K）	
4	**进气系统**		
4.1	进气管及附件的说明和示意图		
4.2	进气歧管说明和示意图		
4.3	在 GB /T 17692 所规定的运转条件下，并在发动机额定转速和 100%负荷下，允许的最大进气真空度（kPa）		
4.4	增压器		
4.4.1	增压器型号		
4.4.2	增压器生产厂（及标识打刻内容）		
4.4.3	系统描述		如：最高进气压力、放气阀（如有）
4.5	中冷器型式		如：空—空中冷
5	**排气系统**		
5.1	排气系统示意图及说明		说明（如有特殊处可说明）
5.2	在 GB /T 17692 所规定的运转条件下，并在发动机额定转速和 100%负荷下，允许的最大排气背压（kPa）		
5.3	排气系统容积（L）		装车后发动机排气歧管或增压器出口凸缘处法兰至排气系统通大气出口处的管路容积
6	**燃料供给**		
6.1	燃料供给系统型式		进气歧管喷射/直接喷射/其他喷射型式
6.1.1	系统描述		
6.1.2	最大扭矩转速时，每冲程最大燃料供给量（mm^3）		

6.1.3	额定转速时，每冲程最大燃料供给量（mm^3）	
6.2	进气支管喷射	
6.2.1	喷射：单点/多点	
6.2.2	喷射：连续/定时同时/定时依次	
6.2.3	喷射器	
6.2.3.1	型号	
6.2.3.2	生产厂（及标识打刻内容）	
6.2.4	系统说明（非连续喷射系统情况下）	
6.2.4.1	空气流量传感器型式和数量	
6.2.4.2	怠速调整螺钉型式	
6.2.4.3	节流阀体型式	
6.2.4.4	水温传感器型式	
6.2.4.5	空气温度传感器型式	
6.3	直接喷射	
6.3.1	喷射泵/压力调节器	选一
6.3.1.1	型号	
6.3.1.2	生产厂（及标识打刻内容）	
6.3.1.3	喷射正时	
6.3.2	喷射器	
6.3.2.1	型号	
6.3.2.2	生产厂（及标识打刻内容）	
6.3.2.3	开启压力或特征曲线	
6.4	其他喷射型式	
6.4.1	型号	
6.4.2	生产厂	
6.4.3	说明	
7	**电子控制**	
7.1	发动机电控单元（EECU）	
7.1.1	型号	
7.1.2	生产厂	
7.1.3	可调性	
7.1.4	ECU 文件包	
7.2	车载诊断（OBD）系统	
7.2.1	型号	
7.2.2	生产厂	
7.2.3	文件包	
8	**气阀正时**	
8.1	进气和排气气阀的最大升程（mm）	

	相对于上、下止点的开闭角度：（度）	
	或者是配气系统相对于上止点的正时曲线	（图）
9	**点火系统**	
9.1	点火系统型式：公用线圈和火花塞/独立线圈和火花塞/其他（说明）（选一）	
9.2	点火控制单元	
9.2.1	型号	
9.2.2	生产厂	
9.2.3	点火提前曲线/提前图（map）	
9.2.4	静态点火正时：上止点前度数	
9.3	火花塞	
9.3.1	型号	
9.3.2	生产厂	
9.3.3	间隙设定	
9.4	点火线圈	
9.4.1	型号	
9.4.2	生产厂	
10	**防止污染控制装置**	
10.1	曲轴箱气体再循环装置	
10.1.1	型号	
10.1.2	生产厂	
10.2	催化转化器	
10.2.1	型号	
10.2.2	生产厂（及标识打刻内容）	
10.2.3	尺寸（mm）	
10.2.4	体积（cm^3）	
10.2.5	贵金属总含量	
10.2.6	相对浓度（铂：铑：钯）	
10.2.7	孔密度（目）	
10.2.8	催化转化器装车数目	
10.2.9	催化单元数目	
10.2.10	载体结构	
10.2.11	热保护	（有/无）
10.2.12	载体材料	
10.2.13	载体生产厂（及标识打刻内容）	
10.2.14	封装企业名称（及标识打刻内容）	
10.2.15	催化转化器壳体型式	（半壳式/捆绑式/塞入式）
10.2.16	涂层生产厂（及标识打刻内容）	
10.2.17	涂层材料	

<table>
<tr><td>10.2.18</td><td colspan="2">催化转化器的位置（在排气系统中的位置和基准距离）（mm）</td><td></td></tr>
<tr><td>10.2.19</td><td colspan="2">催化转化器的正常工作温度范围（K）</td><td></td></tr>
<tr><td>10.2.20</td><td colspan="2">催化转化器安装方式描述（如：独立安装、并联安装、串联安装等）</td><td></td></tr>
<tr><td>10.2.21</td><td colspan="2">额定转速下的排气流量与载体的有效容积之比（即：空速）</td><td></td></tr>
<tr><td>10.3</td><td colspan="2">氧传感器</td><td></td></tr>
<tr><td>10.3.1</td><td colspan="2">型号</td><td></td></tr>
<tr><td>10.3.2</td><td colspan="2">生产厂（及标识打刻内容）</td><td></td></tr>
<tr><td>10.3.3</td><td colspan="2">位置</td><td></td></tr>
<tr><td>10.3.4</td><td colspan="2">控制范围</td><td></td></tr>
<tr><td>10.4</td><td colspan="2">空气喷射</td><td></td></tr>
<tr><td>10.4.1</td><td colspan="2">型号</td><td></td></tr>
<tr><td>10.4.2</td><td colspan="2">生产厂</td><td></td></tr>
<tr><td>10.4.3</td><td colspan="2">型式</td><td>（脉动空气，空气泵，等）</td></tr>
<tr><td>10.5</td><td colspan="2">排气再循环（EGR）</td><td></td></tr>
<tr><td>10.5.1</td><td colspan="2">型号</td><td></td></tr>
<tr><td>10.5.2</td><td colspan="2">生产厂（及标识打刻内容）</td><td></td></tr>
<tr><td>10.5.3</td><td colspan="2">特性</td><td></td></tr>
<tr><td>10.5.3.1</td><td colspan="2">控制方式</td><td>（机械式/电控式）</td></tr>
<tr><td>10.5.3.2</td><td colspan="2">特性曲线图</td><td></td></tr>
<tr><td>10.5.4</td><td colspan="2">冷却</td><td>（有/无）</td></tr>
<tr><td>10.6</td><td colspan="2">其他系统</td><td>（有/无）</td></tr>
<tr><td>10.6.1</td><td colspan="2">描述和功能</td><td></td></tr>
<tr><td>11</td><td colspan="3">试验条件的附加说明</td></tr>
<tr><td>11.1</td><td colspan="2">润滑油</td><td></td></tr>
<tr><td>11.1.1</td><td colspan="2">型号</td><td></td></tr>
<tr><td>11.1.2</td><td colspan="2">生产厂</td><td></td></tr>
<tr><td>11.2</td><td colspan="2">发动机驱动的设备</td><td></td></tr>
<tr><td>11.2.1</td><td colspan="2">安装的附件清单</td><td>如：风扇等</td></tr>
<tr><td rowspan="4">11.2.2</td><td colspan="3">下列发动机转速下附件吸收的功率</td></tr>
<tr><td rowspan="2">设备</td><td colspan="2">不同发动机转速下吸收的功率（kW）</td></tr>
<tr><td>怠速下</td><td>最大净功率转速下</td></tr>
<tr><td>附件名称</td><td></td><td></td></tr>
</table>

附录 3-2 装用压燃式、气体燃料点燃式发动机的重型汽车和重型汽油车型式核准申报资料（附表 3-6、附表 3-7 及附表 3-8）

附表 3-6 装用压燃式发动机的重型汽车型式核准申报资料

车辆型式		
1	概述	
1.1	车型概述	
1.1.1	型号	
1.1.2	名称	如：自卸汽车
1.1.3	扩展车型型号名称	
1.1.4	商标	
1.1.5	VIN 码位置	
1.1.6	车型的识别方法和位置	（整车铭牌）
1.1.7	车辆类型	（M1/M2/M3/N1/N2/N3）
1.1.8	生产厂名称	
1.1.9	生产厂地址	
1.1.10	对应底盘信息	
1.1.10.1	底盘型号名称	
1.1.10.2	底盘生产厂	
1.1.10.3	底盘分类	
1.2	车辆总体结构特征	
1.2.1	主车型车辆的照片（右 45 度）	
1.2.2	排放关键部件在车辆上的安装示意图	
1.2.3	驱动型式	
1.2.4	驱动轴位置	
1.3	车辆外形尺寸（mm）	
1.4	车辆质量	
1.4.1	主车型车辆整备质量（kg）	
1.4.2	主车型制造厂允许的最大总质量（kg）	
1.5	主车型最大设计车速（km/h）	
1.6	燃油规格	
1.7	座位数	

1.8	设计乘员数	
1.9	主车型综合油耗（L/100 km）	
1.10	OBD 诊断接口位置	
2	**动力系**	
2.1	发动机描述	
2.1.1	型号	
2.1.2	生产厂	
2.1.3	循环	四冲程/二冲程
2.1.4	汽缸数目	
2.1.5	发动机排量（L）	
2.1.6	最大额定净功率（kW/r/min）	
2.1.7	额定功率（kW/r/min）	
3	**进气系统**	
3.1	进气系统特征	（自吸/增压/增压中冷）
3.2	在 GB /T 17692 所规定的运转条件下，并在发动机额定转速和 100%负荷下，允许的最大进气阻力（kPa）	
3.3	中冷器	有/无
3.3.1	型号	
3.3.2	生产厂	
3.4	空气滤清器	
3.4.1	型号	
3.4.2	生产厂（及标识打刻内容）	
3.5	进气消声器	
3.5.1	型号	
3.5.2	生产厂（及标识打刻内容）	
4	**排气系统**	
4.1	排气系统的说明和示意图	
4.2	在 GB /T 17692 所规定的运转条件下，并在发动机额定转速和 100%负荷下，允许的最大排气背压（kPa）	
4.3	排气系统容积（L）	装车后发动机排气歧管或增压器出口凸缘处法兰至排气系统通大气出口处的管路容积

4.4	排气消声器	
4.4.1	型号	
4.4.2	生产厂（及标识打刻内容）	
4.5	排气管	
4.5.1	型号	
4.5.2	生产厂	
4.6	膨胀室	
4.6.1	型号	
4.6.2	生产厂	
5	**传动系**	
5.1	离合器型式及最大扭矩	
5.2	变速器	
5.2.1	型号	
5.2.2	生产厂	
5.2.3	型式	手动/自动/手-自一体/无级变速（CVT）
5.2.4	相对于发动机的位置	
5.2.5	速比	
5.3	主减速器速比	
6	**悬挂系**	
6.1	轮胎规格及数量	
6.2	轮胎压力（kPa）	
7	**降噪措施**	
7.1	降噪措施描述	
7.2	隔音材料发动机舱	

附表 3-7 装用气体燃料点燃式发动机的重型汽车型式核准申报资料

车辆型式		
1	**概述**	
1.1	车型概述	
1.1.1	型号	
1.1.2	名称	如：自卸汽车
1.1.3	扩展车型型号名称	
1.1.4	商标	
1.1.5	VIN 码位置	
1.1.6	车型的识别方法和位置	（整车铭牌）
1.1.7	车辆类型	（M1/M2/M3/N1/N2/N3）
1.1.8	生产厂名称	
1.1.9	生产厂地址	
1.1.10	对应底盘信息	
1.1.10.1	底盘型号名称	
1.1.10.2	底盘生产厂	
1.1.10.3	底盘分类	
1.2	车辆总体结构特征	
1.2.1	主车型车辆的照片（右 45 度）	
1.2.2	排放关键部件在车辆上的安装示意图	
1.2.3	驱动型式	
1.2.4	驱动轴位置	
1.3	车辆外形尺寸（mm）	
1.4	车辆质量	
1.4.1	主车型车辆整备质量（kg）	
1.4.2	主车型制造厂允许的最大总质量（kg）	
1.5	主车型最大设计车速（km/h）	
1.6	燃油规格	
1.7	座位数	
1.8	设计乘员数	
1.9	主车型综合油耗（L/100 km）	
2	**动力系**	
2.1	发动机描述	
2.1.1	型号	
2.1.2	生产厂	
2.1.3	循环	四冲程/二冲程
2.1.4	气缸数目	
2.1.5	发动机排量（L）	
2.1.6	最大额定净功率[kW/（r • min）]	
2.1.7	额定功率[kW/（r • min）]	
3	**进气系统**	
3.1	进气系统特征	（自吸/增压/增压中冷）

3.2	在 GB /T 17692 所规定的运转条件下，并在发动机额定转速和 100%负荷下，允许的最大进气真空度（kPa）	
3.3	中冷器	有/无
3.3.1	型号	
3.3.2	生产厂	
3.4	空气滤清器	
3.4.1	型号	
3.4.2	生产厂（及标识打刻内容）	
3.5	进气消声器	
3.5.1	型号	
3.5.2	生产厂（及标识打刻内容）	
4	**排气系统**	
4.1	排气系统的说明和示意图	
4.2	在 GB /T 17692 所规定的运转条件下，并在发动机额定转速和 100%负荷下，允许的最大排气背压（kPa）	
4.3	排气系统容积（L）	装车后发动机排气歧管或增压器出口凸缘处法兰至排气系统通大气出口处的管路容积
4.4	排气消声器	
4.4.1	型号	
4.4.2	生产厂（及标识打刻内容）	
4.5	排气管	
4.5.1	型号	
4.5.2	生产厂	
4.6	膨胀室	
4.6.1	型号	
4.6.2	生产厂	
5	**传动系**	
5.1	离合器型式及最大扭矩	
5.2	变速器	
5.2.1	型号	
5.2.2	生产厂	
5.2.3	型式	手动/自动/手-自一体/无级变速（CVT）
5.2.4	相对于发动机的位置	
5.2.5	速比	
5.3	主减速器速比	
6	**悬挂系**	
6.1	轮胎规格及数量	
6.2	轮胎压力（kPa）	
7	**降噪措施**	
7.1	降噪措施描述	
7.2	隔音材料（发动机舱）	

附表 3-8 重型汽油车型式核准申报资料

1	**概述**	
1.1	车型概述	
1.1.1	型号	
1.1.2	名称	如：自卸汽车
1.1.3	扩展车型型号名称	
1.1.4	商标	
1.1.5	VIN 码位置	
1.1.6	车型的识别方法和位置	（整车铭牌）
1.1.7	车辆类型	（M1/M2/M3/N1/N2/N3）
1.1.8	生产厂名称	
1.1.9	生产厂地址	
1.1.10	对应底盘信息	
1.1.10.1	底盘型号名称	
1.1.10.2	底盘生产厂	
1.1.10.3	底盘分类	
1.2	车辆总体结构特征	
1.2.1	主车型车辆的照片（右 45 度）	
1.2.2	排放关键部件在车辆上的安装示意图	
1.2.3	驱动型式	
1.2.4	驱动轴位置	
1.3	车辆外形尺寸（mm）	
1.4	车辆质量	
1.4.1	主车型车辆整备质量（kg）	
1.4.2	主车型制造厂允许的最大总质量（kg）	
1.5	主车型最大设计车速（km/h）	
1.6	燃油规格	
1.7	座位数	
1.8	设计乘员数	
1.9	主车型综合油耗（L/100 km）	
1.10	OBD 诊断接口位置	
2	**动力系**	
2.1	发动机描述	
2.1.1	型号	
2.1.2	生产厂	
2.1.3	循环	四冲程/二冲程
2.1.4	汽缸数目	
2.1.5	发动机排量（L）	
2.1.6	最大额定净功率[kW/（r·min）]	
2.1.7	额定功率[kW/（r·min）]	
3	**进气系统**	
3.1	进气系统特征	（自吸/增压/增压中冷）

3.2	在 GB/T 17692 所规定的运转条件下，并在发动机额定转速和 100%负荷下，允许的最大进气阻力（kPa）	
3.3	中冷器	有/无
3.3.1	型号	
3.3.2	生产厂	
3.4	空气滤清器	
3.4.1	型号	
3.4.2	生产厂（及标识打刻内容）	
3.5	进气消声器	
3.5.1	型号	
3.5.2	生产厂（及标识打刻内容）	
4	**排气系统**	
4.1	排气系统的说明和示意图	
4.2	在 GB/T 17692 所规定的运转条件下，并在发动机额定转速和 100%负荷下，允许的最大排气背压（kPa）	
4.3	排气系统容积（L）	装车后发动机排气歧管或增压器出口凸缘处法兰至排气系统通大气出口处的管路容积
4.4	排气消声器	
4.4.1	型号	
4.4.2	生产厂（及标识打刻内容）	
4.5	排气管	
4.5.1	型号	
4.5.2	生产厂	
4.6	膨胀室	
4.6.1	型号	
4.6.2	生产厂	
5	**传动系**	
5.1	离合器型式及最大扭矩	
5.2	变速器	
5.2.1	型号	
5.2.2	生产厂	
5.2.3	型式	手动/自动/手-自一体/无级变速（CVT）
5.2.4	相对于发动机的位置	
5.2.5	速比	
5.3	主减速器速比	
6	**悬挂系**	
6.1	轮胎规格及数量	
6.2	轮胎压力（kPa）	
7	**降噪措施**	
7.1	降噪措施描述	
7.2	隔音材料（发动机舱）	

附录 3-3 电子排放控制系统的特殊要求

一、文件要求

（1）制造厂应提供文件包，给出访问电子控制系统基本结构的办法；

（2）给出控制输出变量的手段。

二、文件内容

（1）正式文件

电子排放控制系统的全部说明，至少包括：

① 系统的结构示意图；

② 系统的工作原理；

③ 指令清单及说明；

④ 功能描述。

如果所有输出信号有可能由独立单元输入信号的控制范围获得的矩阵中清楚展现，可以简化该文件。

（2）补充材料

电子排放控制系统补充材料内容，应至少包括：

① 指出被任一辅助控制装置修改的参数，以及辅助控制装置工作时的边界条件；

② 燃油控制系统的控制逻辑、正时策略、所有工况期间切换点的说明；

③ 使用辅助控制装置的理由；

④ 安装在发动机或汽车上的所有辅助控制装置对排气污染物影响的补充材料和试验数据。

企业应对电子排放控制系统补充材料形成文件，自行管理，在申请型式核准时提交该文件编号，在进行型式核准检查，或在型式核准有效期内进行检查时，提供补充材料。

附录 3-4 OBD 申报资料

一、OBD 系统所有监测部件清单（依据 HJ 437—2008 中附录 A 中 A.14.1 款、A.14.2 款、A.14.3 款的要求）（附表 3-9）

附表 3-9 OBD 系统所有监测部件清单

监测部件	监测目的

部件/系统	故障代码	故障代码是否可删除	监测策略	故障监测准则	MI 激活准则	二级参数	扭矩限制器作用时刻	预处理模式	验证试验
SCR 催化器	P××××	不可删除	NO_x 传感器 1 和 2 信号	传感器 1 和 2 信号差值	第 3 循环	发动机转速，发动机负荷，催化器温度，反应剂给料动作……	立即	3 个 OBD 试验循环（3 个简化 ESC 循环）	OBD 试验循环
……									
……									

二、下列监督项目的工作原理的详细书面说明（包括辅助监测参数为何值时，OBD 系统对所监测的部件开始诊断即 OBD 诊断条件，依据 HJ 437—2008 中附录 A 中 A.3.1.1 款～A.3.1.8 款）

压燃式发动机/气体燃料点燃式发动机：

——催化器的监控包括具体指明监督哪几个催化器及它们的位置，必要时可以画图说明。

——降氮氧化物（$deNO_x$）系统的监控。

——颗粒物捕集器监控。

——电子燃油系统监控。

——OBD 系统所监控的其他零部件（EGR、二次空气喷射、空气质量流量控制、空气容积流量及温度控制、进气压力、进气歧管压力以及为实现这些功能相关的传感器等，全部相关零部件）。

——NO_x 控制的排放控制监测系统的监测策略全面详细的描述。

——电控单元（ECU）使用的 ETC 测试循环中 NO_x 排放[g/kW·h]明确的对应关系的计

算方法。

三、故障指示器（MI）的书面说明和/或示意图；故障指示器的激活判定固定的运转循环数或统计方法。

四、扭矩限制器的详细描述：

——扭矩限制器激活的描述；

——全负荷曲线限制的描述。

五、说明严重功能性故障监测的基础参数。

六、当发动机电控单元（EECU）与任何其他动力系统或汽车控制单元交换信息时，如果对排放控制系统的正常功能有影响，提供单元之间通讯界面的描述硬件或通信。

七、防止损害和篡改发动机电控单元（EECU）的措施和发动机电控单元（EECU）与其他控制单元交换信息所涉及任何接口参数防止修改的措施。

八、诊断接口位置描述。

九、发动机系族的详细资料。

附录 3-5 在用车排放符合性自查规程

（1）在用车/发动机自查原则。

自查在用车型按系族划分选择其代表性机型和销量大的地区及机型。

（2）所采用的样车数和采样计划。

样车数量、采样时间、采样地点。

（3）确定自查车型选择或剔除的准则。

（4）确定自查的方式。

描述跟踪、抽查、检验方式方法，以及确定的频次和依据，至少包括：

① OBD 故障指示灯点亮的跟踪，跟踪的比例；

② ESC、ETC、WHTC（如适用）排放试验以及 ELR 烟度试验的比例；

③ 统计、分析、判断高排放车辆的原因；

④ 提出解决问题的方法和措施。

（5）在用车系族的划分依据 GB 17691—2005。

（6）制造厂收集资料的地域范围。

说明自查车型资料的所在地区。

（7）按在用车系族划分的全系列车型的自查计划。

（8）提交自查地区企业进行在用车排放跟踪的详细地址。

附录 3-6 在用车排放符合性年度自查计划

企业应制定在用车排放符合性年度自查计划，内容包括：

（1）确定自查地点。

（2）确定自查车型。

（3）确定自查方式。

跟踪 OBD 故障指示灯点亮情况，ESC 和 ETC 排放试验以及 ELR 烟度试验。

（4）确定自查车型数量、自查频次。

（5）自查时间。

企业应按照下表制订在用车排放符合性自查计划表。

附表 3-10 在用车排放符合性自查计划表

发动机型	发动机识别号	车辆识别代码VIN	装用受检发动机的汽车牌照号	生产日期	使用地区	装用该发动机的汽车用途	行驶里程	自查时间	自查方式																说明
									OBD故障指示灯点亮		ESC 和 ELR 试验					ETC 试验					WHTC 试验（如适用）				
									次数	里程	CO	HC	NO_x	PM	烟度	CO	NMHC	CH_4	NO_x	PM	CO	HC	NO_x	PM	

附录 3-7　在用车排放符合性自查年度报告

（1）满足 HJ 439—2008 车辆的资料。

销售数量、销售地点。

（2）跟踪车辆售出后的使用信息。

（3）抽查对象：自查的车型及数量应注意选择具有代表性的车型。

（4）抽样检查的实验内容及结果：OBD、ESC、ETC、WHTC（如适用）排放试验、ELR 烟度试验。

（5）实施地点：抽样地点、检测地点。

（6）自查频次。

（7）分析：

① 自查结果的统计、分析资料；

② 被剔除样车的分析资料；

③ 高排放车原因分析。

（8）补救措施的汇总。

附表 3-11　在用车排放符合性自查年度报告表

机型	使用地点	自查数量	OBD 故障灯点亮		自查结果统计						说明
					ESC 和 ELR 试验		ETC 试验结果		WHTC（如适用）试验结果		
			次数	里程	合格	不合格	合格	不合格	合格	不合格	

附录 4　摩托车、轻便摩托车申报资料要求

（1）技术资料

技术资料应包括所依据标准中车型描述（见附录 4-1）。

生产企业按网络申报的操作方法，进行网上申报。

（2）环保生产一致性保证计划书

环保生产一致性保证计划书由生产企业按网络申报的操作方法，进行网上申报。

（3）申报函

申报函由企业按网络申报的操作方法，进行网上申报。

（4）申报表

申报表由企业按网络申报的操作方法创建。

（5）申报数据表

申报数据表由企业网上申报。申报数据表中的所有项目必须依据检验（视同检验）报告如实、规范地填写。

如检测机构不能出具电子报告，企业需根据检测机构出具的纸报告进行申报数据表的填写。

（6）检验（视同检验）报告

① 新车型式核准检验（视同检验）报告应由环境保护部委托的机动车排放检验机构出具；

② 检验（视同检验）报告中必须注明车辆、发动机、电子控制单元（ECU）、氧传感器、化油器、燃油蒸发排放控制装置、曲轴箱排放控制装置、废气再循环装置、气体燃料供给系统、空气喷射装置、机外净化装置和降噪配置等的型号和生产企业。

检验视同

检验报告内容必须完整、规范。零部件生产企业名称应为全称；车型、发动机和关键件型号等信息应规范填写，保证与其他管理部门发布文件的一致性；

③ 检验（视同检验）报告应由检测机构通过网络提交到申报办数据库；

④ 型式核准检验（视同检验）报告项目见下表（附表 4-1）。

附表 4-1　型式核准检验（视同检验）报告项目

车类	适用范围	依据标准	检验项目
摩托车	整车整备质量不大于 400 kg、发动机排量大于 50 mL 或最大设计车速大于 50 km/h 的装有点燃式发动机的两轮或三轮摩托车	GB 14621—2011	排气污染物、曲轴箱污染物
		GB 14622—2007	排气污染物、曲轴箱污染物、耐久性
		GB 16169—2005	加速行驶噪声
		GB 19758—2005	排气烟度
		GB 20998—2007	蒸发污染物

车类	适用范围	依据标准	检验项目
轻便摩托车	整车整备质量不大于 400 kg、发动机排量不大于 50 mL 或最大设计车速不大于 50 km/h 的装有点燃式发动机的两轮或三轮轻便摩托车	GB 14621—2011	排气污染物、曲轴箱污染物
		GB 18176—2007	排气污染物、曲轴箱污染物、耐久性
		GB 16169—2005	加速行驶噪声
		GB 19758—2005	排气烟度
		GB 20998—2007	蒸发污染物

附录 4-1 型式核准申报资料

车型及其污染控制装置的描述

1	**概述**	
1.1	基本车型型号	
1.2	名称	
1.3	VIN 码	
1.4	商标	
1.5	车型的识别方法和位置整车铭牌	
1.6	生产厂名称	
1.7	生产厂地址	
1.8	摩托车类型	两轮摩托车/边三轮摩托车/正三轮摩托车/两轮轻便摩托车/三轮轻便摩托车
1.9	内部编号	
2	**扩展车型**	
2.1	扩展车型型号	
2.2	扩展车型名称	
2.3	扩展车型商标	
3	**总体机构特征**	
3.1	典型车辆照片（右 45 度）	
3.2	整车整备质量	
3.3	最大总质量	
3.4	最大设计车速	
3.5	车型车辆外形尺寸（长×宽×高）（mm）	
4	**动力系**	
4.1	**发动机概述**	
4.1.1	发动机型号	
4.1.2	发动机生产厂家名称	
4.1.3	冲程数	四冲程/二冲程
4.1.4	冷却方式	风冷/液冷
4.1.5	怠速转速（r/min）	
4.1.6	最低空载稳定转速（r/min）	
4.1.7	最大净功率（kW）	
4.1.8	最大净功率转速（r/min）	
4.1.9	最大扭矩（N·m）	
4.1.10	最大扭矩转速（r/min）	
4.1.11	缸径（mm）	
4.1.12	行程（mm）	

4.1.13	汽缸数及排列型式	
4.1.14	燃烧室和活塞顶图纸或示意图	
4.1.15	气缸工作容积（mL）	
4.1.16	压缩比	
4.1.17	有无增压器	
4.1.18	增压系统的说明	
4.1.19	曲轴箱气体再循环装置简图	
4.1.20	发动机商标	
4.1.21	发动机标识或标识示意图	
4.1.22	扩展发动机型号	
4.1.23	扩展发动机商标	
4.2	**污染控制装置**	
4.2.1	催化转化器型号	
4.2.2	催化转化器生产厂	
4.2.3	贵金属总含量（g）	
4.2.4	比例	
4.2.5	催化单元的数目	
4.2.6	催化转化器体积（L）	
4.2.7	尺寸及形状	上传图片
4.2.8	催化反应类型	氧化型/氧化还原型
4.2.9	载体结构	
4.2.10	载体材料	
4.2.11	孔密度（目）	
4.2.12	封装生产名称	
4.2.13	载体生产厂名称及标识	
4.2.14	涂层生产厂名称	
4.3	**空气喷射装置**	
4.3.1	空气喷射装置型号	
4.3.2	空气喷射装置生产企业	
4.3.3	空气喷射装置类型	二次补气/机前补气/其他
4.3.4	空气喷射装置标识或标识示意图	
4.4	**进气和燃油供给**	
4.4.1	进气消声器型号和生产厂	
4.4.2	空气滤清器型号或型式	
4.4.3	空气滤清器生产厂	
4.4.4	空气滤清器进气原始阻力	
4.4.5	空气滤清器是否属于消声系统	
4.4.6	空气滤清器标识或标识示意图	
4.5	**燃料供给**	**化油器/电喷**
4.5.1	**如选择电喷**	
4.5.1.1	ECU	
4.5.1.1.1	ECU 型号和生产企业	

4.5.1.1.2	ECU 标识或标识示意图	
4.5.1.2	**氧传感器**	
4.5.1.2.1	氧传感器型号和生产企业	
4.5.1.2.2	氧传感器标识或标识示意图	
4.5.1.3	**燃料喷射**	
4.5.1.3.1	工作原理	单点喷射/多点喷射
4.5.1.3.2	系统说明	
4.5.1.4	**油泵**	
4.5.1.4.1	油泵压力（kPa）	
4.5.1.4.2	特征曲线	
4.5.1.4.3	油泵型号和生产厂	
4.5.1.4.4	喷油器型号和生产企业	
4.5.1.4.5	喷油器开启压力（kPa）	
4.5.1.4.6	喷油器特征曲线	
4.5.1.4.7	阻风门	
4.5.1.4.8	闭合度调整	
4.5.2	**如选择化油器**	
4.5.2.1	化油器型号和生产厂	
4.5.2.2	供油曲线	
4.5.2.3	量孔	
4.5.2.4	喉管	
4.5.2.5	浮子室面高度	
4.5.2.6	浮子质量（g）	
4.5.2.7	浮子针阀	
4.5.2.8	浮子室的燃油容积（mL）	
4.5.2.9	化油器标识或标识示意图	
4.5.2.10	数目	
4.6	**蒸发污染控制装置**	
4.6.1	碳罐型号和生产厂	
4.6.2	炭罐数目	
4.6.3	炭罐容积	
4.6.4	炭罐贮存介质	
4.6.5	干炭质量	
4.6.6	床容积（mL）	
4.6.7	炭罐标识或标识示意图	
4.6.8	油箱型式	
4.6.9	油箱生产厂	
4.6.10	油箱容积	
4.6.11	油箱材料	
4.5.12	液体燃料软管材料和生产厂	
4.5.13	液体燃料软管长度	
4.5.14	燃油系统的密封和通气方式	

4.7	**进排气口的说明**	
4.7.1	如有笛簧阀技术说明	
4.7.2	示意图	
4.7.3	配气相位图	
4.8	**点火系统**	
4.8.1	点火方式	
4.8.2	点火提前曲线	
4.8.3	点火正时上止点角度（°）	
4.8.4	断点器触点间隙（mm）	
4.8.5	闭合角（°）	
4.9	**火花塞**	
4.9.1	型号和生产企业	
4.9.2	调整间隙（mm）	
4.10	**点火线圈**	
4.10.1	型号和生产企业	
4.11	**分电器**	
4.11.1	型号和生产企业	
4.12	**排气系统**	
4.12.1	排气消声器型号	
4.12.2	生产厂	
4.12.3	排气消声器有无纤维吸声材料	有/无
4.12.4	排气消声器功率损失比	
4.12.5	排气消声器标识或标识示意图	
4.12.6	系统和附件图示	
4.12.7	说明	
4.13	**润滑油**	
4.13.1	润滑油型号	
4.13.2	润滑方式	
4.13.3	润滑油规格	
5	**离合器**	
5.1	离合器型号和生产厂	
6	**变速器**	
6.1	操纵方式	人工/自动
6.2	变速器速比	
6.3	变速箱挡位数	
6.4	变速器生产厂	
6.5	连续传动比	
6.6	倒挡速比	
6.7	末级传动比	
6.8	初级传动比	
7	**驱动轮胎**	
7.1	轮胎规格	
7.2	动态周长（mm）	

附录 5　非道路移动机械用柴油机申报资料要求

（1）技术资料

非道路移动机械用柴油机技术资料应包括 GB 20891—2007 标准中附录 A 的所有内容。生产企业应按网络申报的操作方法，在网上进行申报。

（2）生产一致性保证计划书

生产一致性保证计划书由生产企业按网络申报的操作方法在网上进行申报。

（3）申报函

申报函由生产企业按网络申报的操作方法创建，在网上进行申报。

（4）申报表

申报表由生产企业按网络申报的操作方法创建。

（5）检测报告

① 型式核准检测报告由环境保护部委托的非道路移动机械用柴油机排放检测机构出具；

② 检测报告中必须注明柴油机（源机）、喷油泵、喷油器、增压器、电子控制单元（ECU）、废气再循环装置、空气喷射系统、排气后处理装置等产品的型号和生产企业；

检测报告内容必须完整、规范；零部件生产企业名称应为全称；柴油机、柴油机系族名称、系族源机等信息应规范填写；

③ 检测报告应由检测机构通过网络上传到中心数据库；

④ 系族柴油机（源机）应完成的型式核准检测项目见下表（附表 5-1）。

附表 5-1　系族柴油机（源机）应完成的型式核准检测项目

检测类别	适用范围	依据标准	检测项目
非道路移动机械用柴油机	非道路移动机械装用的额定净功率不超过 560 kW 的柴油机，在道路上用于载人（货）的车辆装用的第二台柴油机，用于船舶驱动的额定净功率不超过 37 kW 的非道路移动机械用柴油机	GB 20891—2007	排气污染物

附录 5-1 型式核准申报资料

A1 柴油机概况		
A1.1	制造厂名称	
A1.2	制造厂地址	
A1.3	型号	
A1.4	商标	
A1.5	工作方式（恒速/非恒速）	
A1.6	工作循环（四冲程/二冲程）	
A1.7	缸径（mm）	
A1.8	行程（mm）	
A1.9	缸心距（mm）	
A1.10	汽缸数目及排列	
A1.11	着火次序	
A1.12	柴油机排量（L）	
A1.12.1	单缸排量（L）	
A1.12.2	总排量（L）	
A1.13	额定净功率/转速（kW/r/min）	
A1.14	最大净扭矩/转速（Nm/r/min）	
A1.15	怠速转速（r/min）	
A1.16	容积压缩比	
A1.17	燃烧系统说明（开式、涡流、预燃等）	
A1.17.1	燃烧室示意图	
A1.17.2	活塞顶示意图	
A1.18	每缸气门数量	
A1.19	气阀和气口的结构、尺寸（要求提供汽缸盖视图以及剖面图（对二冲程））	
A1.20	进、排气道最小（喉口）截面积（mm^2）	
A1.21	冷却系统（液冷/风冷）	
A1.21.1	液冷	
A1.21.1.1	冷却液种类	
A1.21.1.2	循环泵（有/无）	
A1.21.1.3	生产厂	
A1.21.1.4	型号	
A1.21.1.5	驱动比	
A1.21.2	风冷	
A1.21.2.1	风机（有/无）	
A1.21.2.2	生产厂	
A1.21.2.3	型号	

A1.21.2.4	驱动比	
A1.22	制造厂允许使用温度（K）	
A1.22.1	（液冷）柴油机冷却液出口处最高温度（K）	
A1.22.2	（风冷）基准点最高温度（K）	
A1.22.3	靠近排气歧管出口法兰处的排气管中最高温度（K）	
A1.22.4	燃料温度（柴油机在高压油泵进口）最低/最高（K）	
A1.22.5	进气中冷器（如适用）出口处空气的最高温度（K）	
A1.22.6	排气管靠近排气歧管或增压器的出口凸缘处内的最高排气温度（K）	
A1.22.7	润滑油温度（最低/最高）（K）	
A2 进气系统		
A2.1	进气方式	
A2.2	增压器（有/无）	
A2.2.1	生产厂	
A2.2.2	型号	
A2.2.3	系统说明（如：最大增压压力、废气旁通阀（若有））	
A2.3	中冷器（有/无）	
A2.3.1	生产厂	
A2.3.2	型号	
A2.3.3	型式	
A2.4	在柴油机额定转速和100%负荷时最大允许进气阻力（kPa）	
A3 防止空气污染的装置（若有，而且未包含在其他的项目中）		
A3.1	催化转化器（有/无）	
A3.1.1	生产厂	
A3.1.2	型号	
A3.1.3	催化转化器及催化单元的数目	
A3.1.4	催化转化器尺寸、形状和体积	
A3.1.5	催化反应的型式	
A3.1.6	贵金属总含量	
A3.1.7	贵金属的相对浓度	
A3.1.8	载体（结构和材料）	
A3.1.9	孔密度	
A3.1.10	催化转化器壳体的型式	
A3.1.11	催化转化器的安装位置（在排气管路中的位置和基准距离）	
A3.1.12	催化转化器的安装方式描述	
A3.1.13	催化转化器的正常工作温度范围（K）	
A3.2	氧传感器（有/无）	
A3.2.1	位置	
A3.2.2	氧传感器控制范围	
A3.2.3	生产厂	
A3.2.4	型号	

A3.3	空气喷射装置（有/无）	
A3.3.1	型式（脉冲空气，空气泵，…）	
A3.3.2	生产厂	
A3.3.3	型号	
A3.4	废气再循环（EGR）（有/无）	
A3.4.1	特性（流量…，是否带中冷，高压或低压等）	
A3.4.2	生产厂	
A3.4.3	型号	
A3.5	颗粒物捕集器（有/无）	
A3.5.1	生产厂	
A3.5.2	型号	
A3.5.3	颗粒物捕集器的尺寸、形状和容积	
A3.5.4	颗粒物捕集器的型式和结构	
A3.5.5	位置（排气管路中的基准距离）	
A3.5.6	再生方法或系统，描述和/或图纸	
A3.5.7	颗粒物捕集器的安装方式描述	
A3.5.8	颗粒物捕集器的正常工作温度范围（K）	
A3.6	其他系统有/无	
A3.6.1	种类和作用	
A4 燃料供给		
A4.1	输油泵	
A4.1.1	输油泵压力（kPa）	
A4.2	喷射系统	
A4.2.1	燃料喷射系统型式	
A4.3	喷油泵	
A4.3.1	生产厂	
A4.3.2	型号	
A4.3.3	额定转速下，在全负荷供油位置，供油量（mm^3）/每冲程或循环	
A4.3.4	最大扭矩转速下，在全负荷供油位置，供油量（mm^3）/每冲程或循环	
A4.3.5	所用的试验方法（在柴油机上/在油泵试验台上）	
A4.4	喷油提前	
A4.4.1	喷油提前曲线	
A4.4.2	静态喷油正时	
A4.5	高压油管	
A4.5.1	管长（mm）	
A4.5.2	内径（mm）	
A4.6	喷油器	
A4.6.1	生产厂	
A4.6.2	型号	
A4.6.3	开启压力（kPa）	

A4.6.4	或特性曲线	
A4.7	调速器	
A4.7.1	生产厂	
A4.7.2	型号	
A4.8	全负荷开始减油点的转速（r/min）	
A4.9	最高空载转速（r/min）	
A4.10	冷起动装置	
A4.10.1	生产厂	
A4.10.2	型号	
A4.10.3	说明	
A5 气门正时		
A5.1	气门最大升程和以上、下止点为基准的开闭角度	
A5.2	基准点和/或设定值范围	
A6 排气系统		
A6.1	在柴油机额定转速和100%负荷时最大允许排气背压（kPa）	
A7 安装在柴油机上的附件吸收的功率（按照GB /T 17692—1999）		
A7.1	怠速转速下附件吸收的最大功率[kW/（r·min）]	
A7.2	额定转速下附件吸收的最大功率[kW/（r·min）]	
A7.3	中间转速下附件吸收的最大功率[kW/（r·min）]	

附件吸收功率清单

附件名称	怠速转速下吸收功率（kW）	中间转速下吸收功率（kW）	额定转速下吸收功率（kW）

附录 5-2 非道路移动机械用柴油机系族划分及源机选择

一、柴油机系族划分

（1）发动机系族的下列基本特性、参数和部件需相同

燃烧循环：二冲程/四冲程。

汽缸数。

缸心距。

进气方式：自然吸气/增压/增压中冷。

冷却方式：水冷/风冷/油冷。

中冷器：有/无、型式。

燃烧室型式/结构：开式、预燃式、涡流式。

燃料喷射系统型式：直列泵/分配泵/单体泵/单体喷油器/泵喷嘴。

气阀和气口：结构、尺寸、数量、布置位置（仅对二冲程，汽缸盖/汽缸壁/曲轴箱）。

其他特性：废气再循环/喷水/乳化/空气喷射/增压中冷系统。

排气后处理：氧化催化器/还原催化器/热反应器/颗粒物捕集器。

（2）同一系族允许使用不同厂家的下列排放关键部件，但所有的排放关键部件都要在源机上进行型式核准试验

喷油泵、喷油器、增压器、ECU、排气污染控制装置（EGR/后处理/二次空气喷射等）。

（3）下列条件允许变化

单缸排量：系族内各柴油机间相差不超过 15%。

进气阻力：（额定转速、100%负荷）不大于源机。

排气背压：（额定转速、100%负荷）不大于源机。

由发动机驱动的附件允许吸收的最大功率（额定转速下）不大于源机。

二、源机选择

（1）以最大净扭矩转速时，每冲程最高燃料供给量作为首选原则。

（2）如果有两台甚至更多的柴油机符合首选原则，则应以额定转速时，每冲程最高燃料供给量作为源机的次选原则。

（3）如果系族中的柴油机还有其他能够影响排气污染物的可变特性，那么在选择源机时，也应考虑这些特性。

（4）在某些情况下，型式核准主管部门可以决定是否试验第二台柴油机，以便确定系族中最差的排放水平。因此，型式核准主管部门可以另外选取一台柴油机做试验，所选柴油机的特点是该系族内排放最高的。

（5）在已经核准的系族中增加新的机型时，如果根据（1）、（2）、（3）条判断该机型排放劣于源机，则选取该机型作为新的源机做试验。

附录 6　三轮汽车和低速货车及车用柴油机申报资料要求

（1）技术资料

技术资料应包括 GB 19756—2005、GB 18322—2002 标准中关于车（机）型描述的内容（附录 A）。

生产企业按网络申报的操作方法，进行网上申报。

（2）环保生产一致性保证计划书

环保生产一致性保证计划书由生产企业按网络申报的操作方法，进行网上申报。

（3）申报函

申报函由生产企业按网络申报的操作方法在网上申报。

（4）申报表

申报表由生产企业按网络申报的操作方法创建。

（5）检验（视同检验）报告

① 型式核准检验（视同检验）报告应由环境保护部委托的三轮汽车和低速货车排放检验机构出具。

② 检验（视同检验）报告中必须注明车辆、发动机、喷油泵、喷油器、增压器、中冷器和降噪配置等型号和生产企业；

检验（视同检验）报告内容必须完整、规范；零部件生产企业名称应为全称；车型、发动机型号等信息应规范填写，保证与其他管理部门发布文件的一致性。

③ 检验（视同检验）报告应由检测机构通过网络上传到中心数据库。

④ 型式核准检验（视同检验）项目见附表 6-1。

附表 6-1　三轮汽车和低速货车及车用柴油机型式核准检验（视同检验）项目

类别	适用范围	依据标准	检测实验项目
三轮汽车和低速货车用柴油机	最高设计车速≤50 km/h 的，具有三个车轮的货车和最高设计车速小于 70 km/h 的，具有四个车轮的货车装用的柴油机	GB 19756—2005	排气污染物
三轮汽车和低速货车	最高设计车速≤50 km/h，最大设计总质量≤2 000 kg，长≤4.6 m、宽≤1.6 m 和高≤2 m 的，具有三个车轮的货车。最高设计车速小于 70 km/h，最大设计总质量≤4 500 kg，长≤6 m、宽≤2 m 和高≤2.5 m 的，具有四个车轮的货车	GB 19756—2005	排气污染物（提供发动机的检验报告）
		GB 18322—2002	自由加速烟度
		GB 19757—2005	加速行驶车外噪声

附录 6-1　三轮汽车和低速货车用柴油机型式核准申报资料

A1 发动机概况		
A1.1	制造厂名称	
A1.2	制造厂地址	
A1.3	发动机型号、商标	
A1.4	工作循环（四冲程/二冲程）	
A1.5	缸径（mm）	
A1.6	行程（mm）	
A1.7	汽缸数目及排列	
A1.8	发动机排量	
A1.8.1	单缸排量（L）	
A1.8.2	总排量（L）	
A1.9	最大净功率/转速[kW/（r/min）]	
A1.10	最大净扭矩/转速[Nm/（r/min）]	
A1.11	怠速转速	
A1.12	最高允许转速	
A1.13	容积压缩比	
A1.14	燃烧系统说明（直喷、涡流、预燃）	
A1.15	燃烧室	
A1.15.1	燃烧室形式	
A1.15.2	单缸气门数量	
A1.15.3	气阀和气口的结构和尺寸（要求提供汽缸盖视图以及剖面图）	
A1.16	进、排气道最小（喉口）截面积（mm^2）	
A1.17	冷却系统	
A1.17.1	液冷（有/无）	
A1.17.1.1	冷却液性质	
A1.17.2	风冷（有/无）	
A1.18	制造厂允许温度	
A1.18.1	（液冷）发动机冷却液出口处最高温度（K）	
A1.18.2	（风冷）基准点最高温度（K）	
A1.18.3	靠近排气歧管出口法兰处的排气管中最高温度（K）	
A1.18.4	燃料温度（柴油机在高压油泵进口）最低/最高（K）	
A1.18.5	润滑油温度（最低/最高）（K）	
A2 进气系统		
A2.1	进气方式	

A2.2	增压器（有/无）	
A2.2.1	生产厂	
A2.2.2	型号	
A2.2.3	系统说明（如：最大增压压力、废气旁通阀，如适用）	
A2.3	中冷器型式	
A2.4	在柴油机额定转速和100%负荷时，最大允许进气阻力（kPa）	
A3 防止空气污染的装置若有，而且未包含在其他的项目中		
A3.1	催化转化器（有/无）	
A3.1.1	生产厂	
A3.1.2	型号	
A3.1.3	催化转化器的安装位置（安装地点及在排气系统中的相对距离）	
A3.2	氧传感器（型号）	
A3.2.1	氧传感器安装位置	
A3.2.2	氧传感器控制范围	
A3.2.3	生产厂	
A3.2.4	型号	
A3.3	辅助空气喷射装置（有/无）	
A3.3.1	型式（脉冲空气，气泵，…）	
A3.3.2	生产厂	
A3.3.3	型号	
A3.4	废气再循环（EGR）（有/无）	
A3.4.1	特征性能流量…	
A3.4.2	生产厂	
A3.4.3	型号	
A3.5	其他系统（描述和功能）	
A3.5.1	生产厂	
A3.5.2	型号	
A4 燃料供给		
A4.1	输油泵	
A4.1.1	输油泵压力（kPa）	
A4.2	喷射系统	
A4.2.1	燃料喷射系统形式	
A4.3	喷油泵	
A4.3.1	生产厂	
A4.3.2	型号	
A4.3.3	额定转速下，在全负荷供油位置，供油量（mm^3）/每冲程或循环	

A4.3.4	最大扭矩转速下，在全负荷供油位置，供油量（mm³）/每冲程或循环	
A4.3.5	所用的试验方法（在发动机上/在油泵试验台上）	
A4.4	喷油提前	
A4.4.1	喷油提前曲线	
A4.4.2	喷油正时	
A4.5	高压油管	
A4.5.1	管长（mm）	
A4.5.2	内径（mm）	
A4.6	喷油器	
A4.6.1	生产厂	
A4.6.2	型号	
A4.6.3	开启压力（kPa）	
A4.7	调速器	
A4.7.1	生产厂	
A4.7.2	型号	
A4.8	冷起动装置	
A4.8.1	生产厂	
A4.8.2	型号	
A4.8.3	说明	
A5 气门正时		
A5.1	气门最大升程和以上、下止点为基准的开闭角度	
A5.2	基准点和/或设定值范围	
A6 排气系统		
A6.1	在发动机额定转速和100%负荷时最大允许排气背压（kPa）	
A7 安装在发动机上的附件吸收的功率（按照GB /T 17692—1999）		
A7.1	额定转速下附件吸收的最大功率[kW/（r•min）]	
A7.2	中间转速下附件吸收的最大功率[kW/（r•min）]	
A7.3	附件吸收功率清单	
附件	kW（中间转速下）	kW（额定转速下）

附录 6-2 三轮汽车和低速货车型式核准申报资料

A1 概述		
A1.1	生产厂名称	
A1.2	型号、名称及商标	
A1.3	扩展车型型号名称	
A1.4	识别牌和铭牌的位置及固定方法	
A1.5	车辆的类型（三轮汽车、低速货车）	
A1.6	生产厂地址	
A1.7	总装厂地址	
A2 车辆总体结构特征		
A2.1	典型车辆的照片（右 45 度）	
A2.2	排放关键部件在车辆上的安装示意图	
A2.3	驱动型式（皮带传动、链条传动、轴传动）	
A2.4	车辆外形尺寸	
A2.5	最大设计车速	
A2.6	驾驶室形式	
A2.7	设计乘员数	
A3 车辆质量		
A3.1	车辆整备质量（kg）	
A3.2	制造厂申明的技术上允许的最大总质量（kg）	
A4 发动机		
A4.1	制造厂名称	
A4.2	型号	
A4.3	已备案《环保生产一致性保证计划书》的编号	
A5 传动系		
A5.1 离合器		
A5.1.1	离合器型式及最大扭矩（Nm）	
A5.2 变速箱		
A5.2.1	型号	
A5.2.2	型式：手动/自动/无级变速（CVT）	
A5.2.3	速比	
A5.2.4	相对于发动机的位置	
A6 悬挂系		
A6.1	轮胎规格和数量	
A6.2	轮胎型号	
A6.3	轮胎压力（kPa）	
A7 降噪措施		
A7.1.	隔音材料（发动机舱）	
A7.2	消声器	
A7.3	其他	

附录 6-3 三轮汽车和低速货车用柴油机系族划分及源机选择

一、柴油机系族划分

（1）发动机系族的下列基本特性、参数和部件需相同

燃烧循环：二冲程/四冲程。

汽缸数。

缸心距。

进气方式：自然吸气/增压/增压中冷。

冷却方式：水冷/风冷/油冷。

中冷器：有/无、型式。

燃烧室型式/结构：开式、预燃式、涡流式。

燃料喷射系统型式：直列泵/分配泵/单体泵/单体喷油器/泵喷嘴。

气阀和气口：结构、尺寸、数量、布置位置（仅对二冲程，汽缸盖/汽缸壁/曲轴箱）。

其他特性：废气再循环/喷水/乳化/空气喷射/增压中冷系统。

排气后处理：氧化催化器/还原催化器/热反应器/颗粒物捕集器。

（2）同一系族允许使用不同厂家的下列排放关键部件，但所有的排放关键部件都要在源机上进行型式核准试验

喷油泵、喷油器、增压器、ECU、排气污染控制装置（EGR/后处理/二次空气喷射等）。

（3）下列条件允许变化

单缸排量：系族内各柴油机间相差不超过 15%。

进气阻力：（额定转速、100%负荷）不大于源机。

排气背压：（额定转速、100%负荷）不大于源机。

由发动机驱动的附件允许吸收的最大功率（额定转速下）不大于源机。

二、源机选择

（1）以最大净扭矩转速时，每冲程最高燃料供给量作为首选原则。

（2）如果有两台甚至更多的柴油机符合首选原则，则应以额定转速时，每冲程最高燃料供给量作为源机的次选原则。

（3）如果系族中的柴油机还有其他能够影响排气污染物的可变特性，那么在选择源机时，也应考虑这些特性。

（4）在某些情况下，型式核准主管部门可以决定是否试验第二台柴油机，以便确定系族中最差的排放水平。因此，型式核准主管部门可以另外选取一台柴油机做试验，所选柴油机的特点是该系族内排放最高的。

（5）在已经核准的系族中增加新的机型时，如果根据（1）、（2）、（3）条判断该机型排放劣于源机，则选取该机型作为新的源机做试验。

附录 7　非道路移动机械用小型点燃式发动机申报资料要求

（1）技术资料

非道路移动机械用小型点燃式发动机技术资料应包括 GB 26133—2010 标准中附录 A 的所有内容。

生产企业按网络申报的操作方法，在网上进行申报。

（2）生产一致性保证计划书

生产一致性保证计划书由生产企业按网络申报的操作方法在网上进行申报。

（3）申报函

申报函由企业按网络申报的操作方法创建，在网上进行申报。

（4）申报表

申报表由企业按网络申报的操作方法创建。

（5）检测报告

① 型式核准检测报告由环境保护部委托的非道路移动机械用小型点燃式发动机排放检测机构出具。

② 检测报告中必须注明小通机（源机）、喷油泵、喷油器、增压器、中冷器、电子控制单元（ECU）、废气再循环装置、空气喷射系统、排气后处理装置等产品的型号和生产企业。

检测报告内容必须完整、规范。零部件生产企业名称应为全称；小通机、小通机系族名称、系族源机等信息应规范填写。

③ 检测报告应由检测机构通过网络传递到中心数据库。

④ 小通机系族源机应完成的型式核准检测报告项目见附表 7-1。

附表 7-1　小通机系族源机应完成的型式核准检测报告项目

检测类别	适用范围	依据标准	检测项目
非道路移动机械用小型点燃式发动机	非道路移动机械装用的额定净功率不超过 19 kW 的发动机，净功率大于 19 kW 但工作容积不大于 1 L 的发动机可参照本标准执行	GB 26133—2010	排气污染物

附录 7-1 型式核准申报资料

A1 总述		
A1.1	制造企业名称	
A1.2	制造厂地址	
A1.3	型号	
A1.4	商标	
A1.5	系族名称	
A1.6	工作循环（四冲程/二冲程）	
A1.7	源机/子机	
A1.8	行程（mm）	
A1.9	缸心距（mm）	
A1.10	汽缸数目及排列	
A1.11	发动机工作容积	
A1.12	额定净功率/转速[kW/（r/min）]	
A1.12.1	最大净功率/转速[kW/（r/min）]	
A1.12.2	最大净扭矩/转速[Nm/（r/min）]	
A1.13	怠速转速（r/min）	
A1.14	容积压缩比	
A1.15	燃烧系统说明（开式、涡流、预燃等）	
A1.16	燃烧室示意图	
A1.17	进/排气口的最小横截面积	
A1.17.1	活塞顶示意图	
A1.17.2	启动方式	
A1.18	发动机类别	
A1.19	调速器型式	
A1.20	曲轴输出方式	
A1.21	发动机标签位置	
A1.21.1	润滑方式	
A1.21.1.1	标签固定方法	
A1.21.1.2	耐久期	
A1.21.1.3	曲轴箱通风型式	
A1.21.1.4	OEM 企业名称	
A1.21.1.5	OEM 企业地址	
A1.21.2	OEM 企业联系人	
A1.21.2.1	OEM 企业联系方式	
A1.21.2.2	HC+NO_x 值	

A1.21.2.3	源机选择说明文件包	
A2 进气系统		
A2.1	进气方式	
A2.2	增压器（有/无）	
A2.2.1	生产厂	
A2.2.2	型号	
A2.2.3	系统说明（如：最大增压压力、废气旁通阀（若有））	
A2.3	中冷器（有/无）	
A2.3.1	生产厂	
A2.3.2	型号	
A2.3.3	型式	
A2.4	发动机额定转速和100%负荷时最大允许进气阻力（kPa）	
A2.5	发动机额定转速和100%负荷时最大允许排气背压（kPa）	
A3 防治空气污染的装置（若有，而且未包含在别的项目中）		
A3.1	催化转化器（有/无）	
A3.1.1	生产厂	
A3.1.2	型号	
A3.1.3	催化转化器及催化单元的数目	
A3.1.4	催化转化器尺寸、形状和体积	
A3.1.5	催化反应的型式	
A3.1.6	贵金属总含量	
A3.1.7	贵金属的相对浓度	
A3.1.8	载体（结构和材料）	
A3.1.9	孔密度	
A3.1.10	催化转化器壳体的型式	
A3.1.11	催化转化器的安装位置（在排气管路中的位置和基准距离）	
A3.1.12	催化转化器的安装方式描述	
A3.1.13	催化转化器的正常工作温度范围（K）	
A3.2	氧传感器（有/无）	
A3.2.1	位置	
A3.2.2	氧传感器控制范围	
A3.2.3	生产厂	
A3.2.4	型号	
A3.3	空气喷射装置（有/无）	
A3.3.1	型式（脉冲空气，空气泵，…）	
A3.3.2	生产厂	
A3.3.3	型号	
A3.4	废气再循环（EGR）（有/无）	

A3.4.1	特性（流量…，是否带中冷，高压或低压等）	
A3.4.2	生产厂	
A3.4.3	型号	
A4 燃料供给		
A4.1	化油器（有/无）	
A4.1.1	型号	
A4.1.2	生产厂	
A4.1.3	型式	
A4.1.4	是否可调	
A4.1.5	标识	
A4.2	ECU（有/无）	
A4.2.1	型号	
A4.2.2	生产厂	
A4.2.3	标识	
A4.3	喷射器（有/无）	
A4.3.1	型号	
A4.3.2	生产厂	
A4.3.3	标识	
A4.4	供油泵	
A4.4.1	型号	
A4.4.2	生产厂	
A4.4.3	标识	
A4.5	其他系统	
A4.5.1	用途	
A4.5.2	型号生产厂	
A4.7	调速器	
A4.7.1	生产厂	
A4.7.2	型号	
A5 气门正时		
A5.1	气门最大升程和以上、下止点为基准的开闭角度	
A5.2	基准点和/或设定值范围	
A5.3.1	空气滤清器（有/无）	
A5.3.2	型号	
A5.3.3	生产厂	
A5.4	排气消声器（有/无）	
A5.4.1	型号	
A5.4.2	生产厂	

附录 7-2 非道路移动机械用小型点燃式发动机系族划分及源机选择

一、系族划分

同一系族的通机应具有下列共同的基本参数：

工作循环：二冲程/四冲程；

冷却介质：空气/水/油；

单缸工作容积：系族内发动机单缸工作容积应在最大单缸工作容积的 85%～100%范围内；

发动机类别；

汽缸数量；

汽缸布置型式；

吸气方式；

燃料类型：汽油/其他供点燃式发动机用燃料；

气阀和气口：结构和数量；

燃料供应系统：化油器/气口燃油喷射/直接喷射；

排放控制耐久期：小时（h）；

排气后处理装置技术参数：氧化型催化器/还原型催化器/氧化还原型催化器/热反应器；

其他特性：废气再循环、水喷射/乳化、空气喷射。

二、源机的选择

1．应选取本系族中碳氢化合物与氮氧化物排放值之和最高的发动机机型作为本系族的源机机型。如果系族内的发动机还有其他能够影响排放的可变因素，那么选择源机时，这些因素也应被确定并考虑在内。

若企业能够充分证明通过其他参数可确定源机，则不必全部通过排放检测数据确定源机。

2．同一系族允许使用不同厂家、型号的下列排放关键部件。

化油器、排气污染控制装置（EGR/催化转换器/二次空气喷射等）

排放关键部件组成的每组配置都要在源机上进行型式核准试验。如果该组配置在源机上无法安装，应在该配置适用的排放最差机型上进行试验。以上所有的检测数据都应包含在检测报告中。

若企业能够充分证明某种配置为源机的排放最差配置，则只需在源机上进行排放最差配置的试验。

3．对于第二阶段发动机，应选择初试排放结果最差的配置进行耐久试验和耐久试验后的复试。

4．在已经获得型式核准的系族中增加新的机型时，如果根据第 1、2 条判断该机型排放劣于源机，则选取该机型作为新的源机进行试验。

5．型式核准机构可以决定是否增加型式核准试验及向企业要求更多资料以确定系族中最差的排放水平。

附录 8　企业及产品变更说明

已通过型式核准的车（机）型出现下列情况之一，且产品的环保关键配置、技术参数和性能都未发生变化的，应及时向环境保护部提交变更申请。与产品环保性能有关的变化，应重新提交型式核准申请。

（一）企业名称发生变化；

（二）车（机）型号发生变化；

（三）有关配置型号或生产厂发生变化；

（四）生产企业名称或生产地址发生变化；

（五）商标发生变化；

（六）证书撤销。

企业应按照本附录的要求交申请资料，并可同时提出在一定过渡期内，保留变更前信息有效性的申请。申报办在收到企业完整资料后，5 个工作日内予以审核。资料审核备案后形成变更单，企业应及时填报变更单，变更单备案后完成整个申请程序。每月 17 日之前提交的变更申请，如符合要求将于当月 25 日公告变更核对稿中发布，并在下月月底公告中正式发布。所有信息变更需进行环保生产一致性保证计划书的更改和重新备案。自新公告发布之日起生产企业、检测机构应按照新的注册信息进行相关项目试验和申报，变更的申请和审核通过网络申报系统完成。生产企业在应网上提交申请，证明资料加盖有效公章后扫描上传。变更需提交的证明资料如下：

一、变更企业信息

（1）生产企业名称变更：

① 企业变更申请；

② 企业工商注册复印件；

③ 工信部变更公告首页和公司所在变更页复印件。

（2）生产企业地址变更：

① 企业变更申请；

② 企业工商注册复印件。

③ 工信部变更公告首页和公司所在变更页复印件。

（3）企业注册地址、法人、负责人及联系人信息变更：

① 企业变更申请；

② 企业工商注册复印件。

（此类信息变更仅在通过申报办审核后更新企业数据库信息，不经公告公示）

（4）汽车和重型发动机生产企业变更

① 原生产企业变更申请；

② 现生产企业变更申请；

③ 现生产企业工商注册复印件。

二、变更产品信息

（1）产品型号变更：

① 企业变更申请；

② 检测机构证明文件：必须具有文件号，出具编写者、审核员、负责人三级签字盖章；证明型号变更前后，车机型关键配置、技术参数和性能未发生变化，不影响原型号车（机）型的排放结果；

（2）产品零部件型号变更：

① 整车（机）型生产企业变更申请；

② 零部件企业变更申请；

③ 检测机构证明文件：必须具有文件号，出具编写者、审核员、负责人三级签字盖章；证明型号变更前后，产品零部件技术参数和性能未发生变化，不影响车（机）型的排放结果；

④ 现生产企业工商注册复印件。

（3）产品零部件生产企业名称变更

① 企业变更申请；

② 零部件企业变更申请；

④ 现生产企业工商注册复印件。

（4）产品商标变更：

① 企业变更申请；

② 企业工商注册复印件；

③ 工信部变更公告首页和公司所在变更页复印件。

三、撤销已发布车机型环保公告

（1）企业申请撤销；

（2）型式核准证书寄回环保部机动车排污监控中心。

附录9 《环保生产一致性保证年度、季度报告》填报说明

一、基本要求

已发布在环保公告上的生产企业于每年3月1日前对上年度的《环保生产一致性保证计划书》执行情况进行总结，编写《环保生产一致性保证年度报告》，报送环境保护部。

生产企业应于每个季度第一个月15日前提交上季度《环保生产一致性保证季度报告》，报送环境保护部。

二、申报方式

登录机动车环保网进行网上申报。

三、年报申报要求

1．综述

（1）企业基本情况概述

企业结构状况、性质、规模、年度经营生产情况和质量控制总体情况。

（2）车型达到环保标准的情况

列出车型型号、名称、达到的环保标准和数量。

2．生产一致性保证计划书的变更情况

上一年度新增加的生产一致性保证计划书、对原有计划书的补充修改情况、相关质量控制文件的修改情况。

3．一致性保证计划的实施情况

（1）关键部件外购件采购过程质量控制实施情况

是否按质量控制体系的要求实施，实施过程中采取的控制措施和形成的文件。

（2）关键部件自制件生产过程质量控制实施情况

是否按质量控制体系的要求实施，实施过程中采取的控制措施和形成的文件。

（3）整车装配过程质量控制实施情况

是否按质量控制体系的要求实施，实施过程中采取的控制措施和形成的文件。

（4）关键部件在线检验和定期抽样检验实施情况

关键部件名称，检验方法，检验频次，检验合格率等。

（5）不合格品控制情况

不合格品的控制措施。

（6）人员管理情况

与排放有关的人员培训和考核等的管理情况。

（7）生产过程中出现生产一致性不符合情况及为恢复产品生产一致性采取的措施，出现生产一致性不符合原因和纠正措施。

4．生产企业整车排放检验情况

（1）车型类型、型号及产量；

（2）被测车型型号；

（3）被测车型数量；

（4）检测时间；

（5）检测地点；

（6）检测报告的编号；

（7）达到的标准；

（8）型式核准时间；

（9）抽检车辆检测结果；

（10）标准偏差和统计量。

5．生产企业实验室检测质量控制情况/作业文件号

（1）设备检定/校准情况

企业主要的排放检验设备。

（2）人员培训、考核情况

实验室检测人员培训和考核内容。

（3）标准物质使用情况

企业使用的主要标准物质种类。

四、季报申报要求

1．企业基本信息

（1）企业类别；

（2）企业填报人、电话；

（3）地区大库地址、负责人、联系人、电话；

（4）环保生产一致性管理负责人、电话；

（5）集团名称。

2．生产销售量

（1）每季度产销量：车辆（发动机）类别、排放阶段、产量、销量、出口量；

（2）产量前五车型信息：车（发动机）型号、车辆名称、产量。

3．生产一致性自查试验

（1）基本信息

◆ 被测车（机）型号、数量

◆ 检测时间、地点

◆ 检测报告编号

◆ 达到的标准

◆ 环保公告的时间

◆ 环保公告号

◆ 型式核准号

◆ 产量（该车（机）型产量）

◆ 检验频次

◆ 最大净功率（发动机）

◆ 最大净扭矩（非道路用柴油机）

（2）试验项目

◆ 轻型车：Ⅰ型试验、曲轴箱污染物试验、燃油蒸发污染物试验、噪声、双怠速试验

◆ 重型车：噪声、自由加速烟度、燃油蒸发污染物试验、双怠速

◆ 摩托车：工况法排气污染物、曲轴箱污染物试验、燃油蒸发污染物试验、噪声、双怠速试验

◆ 三轮汽车和低速货车：噪声、自由加速烟度

◆ 重型车用发动机：排气污染物、全负荷烟度、自由加速烟度

◆ 非道路移动机械用柴油机：排气污染物

◆ 小通机：排气污染物

附录 10　型式核准证书格式及证书号编制规则

（1）型式核准证书格式以轻型汽油车为例

样本

型式核准证书

型式核准号：CN××G×　××　×××××××××

×××××××××××××/公司××××××车型排放达到《轻型汽车污染物排放限值及测量方法》（中国III、IV阶段）（GB 18352.3—2005）第III阶段、《点燃式发动机汽车排气污染物排放限值及测量方法（双怠速法及简易工况法）》（GB 18285—2005）和《汽车加速行驶车外噪声限值及测量方法》（GB 1495—2002）第II阶段型式核准的要求，现予以型式核准批准。

第一部分　车辆基本信息

1．型式名称：

2．厂牌：

3．汽车类型：

4．车型的识别方法和位置：

5．车辆制造厂名称：

6．生产厂地址：

第二部分　试验报告信息及车型参数（见附页）

二〇××年××月××日

样本

附页：

1．型式核准扩展号：

2．试验报告信息及车型参数见机动车环保网（www.vecc-mep.org.cn）

3．资料包索引：

4．环保关键配置：

序号	型式核准号	发动机型号/企业	催化转化器型号/生产厂	燃油蒸发控制装置型号/生产厂	氧传感器型/生产厂	曲轴箱排放控制装置/生产厂	EGR 型号/生产厂	OBD 型号/生产厂	ECU 器型号/生产厂	变速器型式/档位数	消声器型号/生产厂	增压器型号/生产厂	中冷器型式

（以下空白）

（2）型式核准号证书号编制规则说明

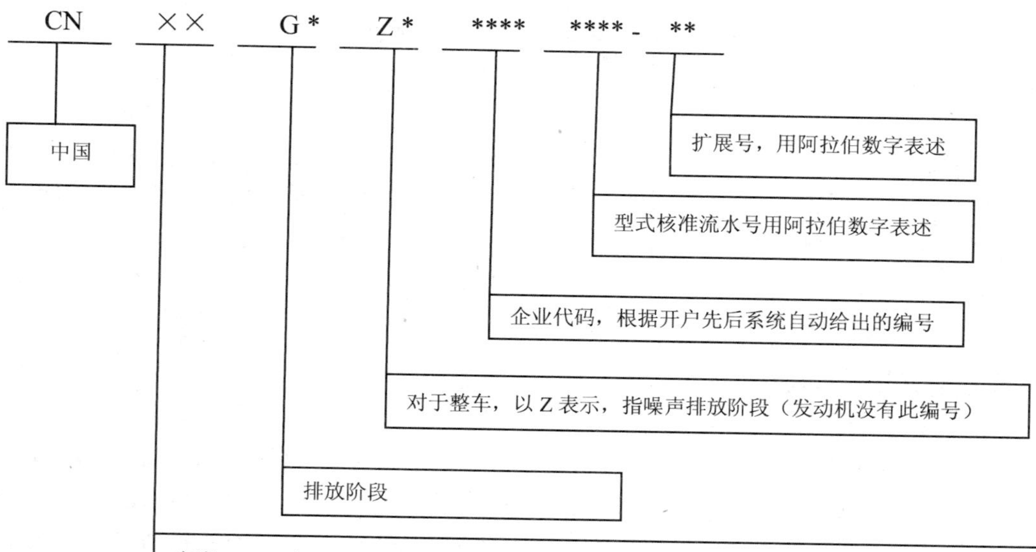

附录 11　轻型柴油车监督试验要求（试行）

一、目的

为控制机动车污染，加强机动车环保监管，规范新生产机动车监督检查工作，依据《中华人民共和国大气污染防治法》和排放标准的有关规定，制订相关要求。

二、适用范围

适用于轻型柴油车确认试验监督检查工作。

三、人员要求

（一）监督检查人员

受环境保护部委托，环境保护部机动车排污监控中心（以下简称中心）组织专家进行监督检查。监督检查人员应认真负责，严格进行监督工作；对监督情况客观反映，写好工作日志；对发现的问题如实记录、公正处理，及时向上级领导报告；对检查情况进行保密。

（二）检测人员

检测人员在检测工作中应做到公正和科学，按要求完成任务；检测人员的数量和技术水平应与检测任务相适应；对检测情况进行保密。

（三）企业人员

相关企业人员应积极配合监督检查人员与检测人员工作，未经监督检查人员允许不得接触样车。

四、样车管理

（一）接收

试验开始前，由检查人员、试验室人员和企业代表共同对样车及封样进行确认和检查。当样车状态或封样等情况异常时，应立即封存样车，并将检查结果如实记录并上报中心后再作处理。

（二）存储、保留及处置

检测单位应妥善存储样车及后处理装置备查件。按规范对样车进行“唯一性标识”和“状态标识”。

对于试验完成后的样车，检测单位应妥善保存，不得破坏封样。等待中心通知后再行处置。

五、试验条件确认

（一）体系和设备

监督人员应现场确认检测单位的质量管理体系现行有效；仪器设备、标准物质应与所承担的检测任务相适应，其性能和精度应符合相关标准的要求。试验仪器均应保证在检定有效期内。

试验开始前，监督组人员与检测机构一同检查标准气体（如：气瓶编号、合格证、有效期、浓度等）并记录到附表中。

（二）试验环境

试验环境应是封闭的，除检测人员和监督检查人员之外，其他人员不得随意进入。监督人员应核查试验环境条件符合相关排放标准的要求，并进行记录。

（三）检验用燃料

应使用符合标准要求的试验用燃料。检测机构应提供油符合相关标准的要求；检测过程应采用计算机自动控制，自动进行数据采集、处理、运算和记录；试验仪器均应保证在检定有效期内。除标准规定的试验前后分析仪零点飘移检查外，试验室对分析仪进行全量程或试验中用量程或抽样量程点的线性化核查的时间应在一个月内，相关检查情况及记录，应作为试验原始记录，由监督组人员进行技术正确性的签字确认，随试验结果一同上报。

六、样车状态确认

样车的预处理与保养由指定人员按照企业提供的标准、产品说明书和相关要求等技术文件进行，监督检查人员进行监督。企业可配合对本企业样车进行保养。

（一）样车预处理或磨合

1．试验前对于需要进行后处理装置磨合的轻型柴油车可运行不少于 3 000 km。经监督组和试验检测机构同意，磨合工况可按照企业相关技术文件进行。磨合由检测机构人员或在中心授权人员监督下进行，防止对样车进行排放相关部件的调整等。

2．磨合期间只允许对与排放无关的故障进行修理或调整（若企业技术文件有要求时）。

3．磨合过程需要记录。

（二）样车保养

样车保养由企业在检测机构或中心授权人员监督下完成；原则上，保养内容仅限于更换机油、机滤。

（三）封样情况确认

监督人员应在试验前检查样车封样完整性，核对排放关键部件型号、生产厂，记录整车发动机编号，确认无误后进行后续工作。

七、检验过程监督

1．检验项目：轻型车排气污染物排放、自由加速烟度、OBD（断线检查）部分或全部。

2．试验开始后，不可在未经允许情况下进入试验间。可留 1 名人员在操作间观看试验过程。

3．试验过程中，出现异常情况，对样车所采取的任何调整措施须经监督组同意。

4．监督组人员应采取必要的技术措施保证颗粒物滤纸称量整个过程在有效监督下。参比封样及等待二次称量时封滤纸。

5．进行排气污染物试验时需测量颗粒物背景值。滤纸称量需有参比滤纸。

6．试验结束后，监督小组和试验技术人员一起确认试验数据是否有效，一致性检查应计算统计量。有效性确认后，检测机构整理资料，由监督小组带回。

7．试验完成后，检测单位应出具检测报告。检测报告应内容完整，数据真实，并经有关人员签字和检测单位盖章。排气污染物检测结果比标准限值应多保留一位有效数字。

原则以一次试验结果为准。

八、结果报告

交监督小组资料包括：

附表 11-1 到附表 11-6 以及试验纸质原始记录（须检验人员签字）：排气污染物分析系统机打原始记录、油品检测报告。

九、远程监控

当进行远程监控监督试验时，我中心工作人员和专家不在现场监督开展上述工作，在机动车中心通过实时视频和数据远程传输的方式进行监控。

附表 11-1 Ⅰ型试验参数登记表

<table>
<tr><td>样车型号</td><td></td><td colspan="2">整备质量（kg）</td><td></td><td>当量惯量（kg）</td><td></td></tr>
<tr><td>轮胎气压/kPa</td><td>标称值：____</td><td colspan="2">实测值</td><td colspan="3">□单 毂：____________
□双 毂：____________</td></tr>
<tr><td>道路阻力实际值</td><td>$F=a+bV+cV^2$</td><td colspan="5">a： b： c：</td></tr>
<tr><td>道路阻力法规值</td><td></td><td colspan="5">a： b： c：</td></tr>
<tr><td>测功机指示值</td><td>$F=a+bV+cV^2$</td><td colspan="5">a： b： c：</td></tr>
<tr><td rowspan="5">分析仪</td><td>组分名称</td><td>量 程</td><td colspan="2">标准气标称浓度</td><td colspan="2">标准气有效期</td></tr>
<tr><td>CO（ppm）</td><td></td><td colspan="2"></td><td colspan="2"></td></tr>
<tr><td>HC（$ppmC_1$）</td><td></td><td colspan="2"></td><td colspan="2"></td></tr>
<tr><td>NO_x（ppm）</td><td></td><td colspan="2"></td><td colspan="2"></td></tr>
<tr><td>CO_2（%）</td><td></td><td colspan="2"></td><td colspan="2"></td></tr>
<tr><td>CVS 流量</td><td>m^3/min</td><td colspan="5"></td></tr>
</table>

监督人员： 实验人员： 日期：

附表 11-2 试验所用设备记录表

测试仪器	型号名称	仪器编号	生产厂家	检定有效时间
底盘测功机				
气体分析系统（稀释）				
气体分析系统（直采 HC）				
采样系统 CVS				
环境舱				
稀释通道（微粒取样系统）				
颗粒称量天平				

标定气体工作管路：

管路材料：

有无二次调压装置：

NO_x转化器的转化效率：_____%（查记录，必要时做试验）

线性度：

监督人员： 试验人员： 日期：

附表 11-3 样车参数信息确认表

车辆型号名称	
车辆生产厂	
VIN	
发动机型号	
发动机生产厂	
催化转化器型号/外观号	
喷油泵型号	
喷油泵生产厂	
里程表读数	
封样确认	

附表 11-4 试验流程确认

	项目	备注（时间，内容）
1	关键部件核查	
2	封样情况确认	
3	里程表读数	
4	询问企业人员是否已保养车辆	
5	进行常温预处理，按照标准浸车 6～36 小时	
6	检测设备核查（确认是否环保授权备案）	
7	甲烷喷射检查	
8	标气核查	
9	转鼓内阻检查 DYNO PARASITIC	
10	转鼓阻力设置检查	
11	确认机油温度，冷却液温度	机油温度： 冷却液温度：
12	正式试验时间	
13	空白滤纸称重	
14	试验后滤纸第一次称重	
15	试验后滤纸第二次称重	
16		

监督人员： 试验人员： 企业负责人：

附表 11-5　Ⅰ型排放分析仪读袋浓度记录表

	Phase 1		Phase 2		备注
	样气	背景	样气	背景	
HC-FID（$\times 10^{-6}$）					
CO（$\times 10^{-6}$）					
NO_x（$\times 10^{-6}$）					
CO_2（$\times 10^{-6}$）					

监督人员：　　　　　　　试验人员：　　　　　　　检测地点：

企业负责人：

附表 11-6　轻型柴油车颗粒物称量记录表

企业：　　　　　　　　VIN：　　　　　　车型号：　　　　发动机型号：

项目	检验前			检验后				检验后二次称量		
	第一阶段	第二阶段		第一阶段	第二阶段		颗粒物总量	第一阶段	第二阶段	颗粒物总量
排放初级										
排放次级										
背景初级										
背景次级										
对比滤纸										
大气压力										
大气温度										
相对湿度										
称量时间										

监督人员：　　　　实验人员：　　　　检测地点：　　　　企业负责人：

附录 12　发动机监督试验要求

一、目的

为控制机动车污染，加强机动车环保监管，规范新生产机动车监督检查工作，依据《中华人民共和国大气污染防治法》和排放标准的有关规定，制订相关要求。

二、适用范围

适用于发动机确认试验监督检查工作。

三、人员要求

（一）监督检查人员

受环境保护部委托，环境保护部机动车排污监控中心（以下简称中心）组织专家进行监督检查。监督检查人员应认真负责，严格进行监督工作；对监督情况客观反映，写好工作日志；对发现的问题如实记录、公正处理，及时向上级领导报告；对检查情况进行保密。

（二）检测人员

检测人员在检测工作中应做到公正和科学，按时按质完成任务；检测人员的数量和技术水平应与检测任务相适应；对检测情况进行保密。

（三）企业人员

相关企业人员在未经监督检查人员允许的情况下，不得接触样机；积极配合监督检查人员与检测人员工作。

四、样车（机）管理

（一）接收

检验机构接收样机时，应对样机进行确认，检查包装及封样是否完好。当样机状况有损坏或有疑问时，将样机检查结果如实记录并上报中心。

（二）开样

试验开始前，检查人员、试验室人员和企业人员三方在场的情况下，检查样品及样品封样是否完好。如样品及封样完好，拆开封样并由试验人员进行试验准备工作。如样品或样品封样有异常，须上报中心领导后再作处理。

（三）试验过程中封样

在整个预处理、试验、保养、存放过程中，样机的封样应保持完整。每次样机进行磨合、保养、试验、移动前后，都应对封样进行检查。做好记录，有条件的情况下做图像记录。

（四）存储、保留及处置

检测单位应妥善存储样机及备查后处理装置。按规范对样机进行“唯一性标识”和“状态标识”。

对于试验完成后的样机，应按照中心要求保留于指定地点，保留过程中不得破坏封样。等待中心通知后再行处置。

五、试验条件

（一）体系和设备

检测单位应具备完善的排放检测和质量管理体系，并能有效运行；仪器设备、标准物质应与所承担的检测任务相适应，其性能和精度应符合相关标准的要求；检测过程应采用计算机自动控制，自动进行数据采集、处理、运算和记录。

（二）试验环境

试验环境应是封闭的，除检测人员和监督检查人员之外，其他人员不得随意进入。试验环境条件应符合相关排放标准的要求，能进行监视、控制或记录。

（三）检验用燃料

应使用中心要求的试验用燃料。

六、样机预试验与保养

样机的预处理与保养由指定人员按照标准、产品说明书和相关要求等技术文件进行，监督检查人员进行监督。企业可对本企业样机保养过程进行监督。预处理与保养期间，保存所有的监控录像。

七、检验要求

重型发动机的试验按照 GB 17691—2005、GB 3847—2005 相关要求进行。具体要求见附录 12-1 发动机确认试验要求。

试验完成后，检测单位应出具检测报告。检测报告应内容完整，数据真实，并经有关人员签字和检测单位盖章。

八、远程监控

当进行远程监控监督试验时，我中心工作人员和专家不在现场监督开展上述工作，在机动车中心通过实时视频和数据远程传输的方式进行监控。

附录 12-1 发动机试验要求

发动机的试验按照 GB 17691—2005、GB 3847—2005、HJ 437—2008 相关要求进行。

一、样机预处理或磨合

1．试验前对于需要进行后处理装置预处理的发动机可运行不超过 5 h，发动机磨合不超过 50 h。经监督组和试验检测机构同意，预处理工况或磨合工况可按照发动机企业相关技术文件进行。后处理预处理是指企业要求的，对后处理装置进行的稳定性试验。预处理期间监督组人员应采取必要技术措施，防止对此状态下的发动机进行排放指标的测量等。

2．预处理及磨合期间，监控并保存所有的监控录像。

3．预处理及磨合期间只允许补充机油（若企业技术文件有要求时）。

二、样机保养

样机保养由检测机构完成；原则上，保养内容仅限于更换机油、机滤。上述工作须在监督检查组的监督下进行。

三、试验要求

1．样机开箱后首先检查封条完整性，然后核对排放关键部件型号生产厂，记录发动机编号，确认无误后进行后续工作，发动机安装台架期间及预处理或磨合期间应确保试验室排放分析设备无法运行。

2．检验项目：ESC、ELR、ETC、全负荷烟度、OBD（断线检查）。

3．厂家工作人员可在发动机安装台架时予以协助配合。发动机试验开始后，不可在未经允许情况下进入试验间。可留 1～2 名人员在操作间观看试验过程。

4．发动机试验前，监督组人员与检测机构一同检查标准气体（如：气瓶编号、合格证、有效期、浓度等）并记录到见附表中。除标准规定的试验前后分析仪零点飘移检查外，建议试验室以每机型为频次，对分析仪进行全量程或试验中用量程或抽样量程点的线性化核查，相关检查情况及记录，应作为试验原始记录，由监督组人员进行技术正确性的签字确认，随试验结果一同上报。

5．发动机试验过程中全程录像。若试验无法在一天内完成，当日试验停止后，可再次对排放分析通道进行封样。

6．试验过程中，出现异常情况，对发动机所采取的任何调整措施须经监督组同意。

7．监督组人员应采取必要的技术措施保证颗粒物滤纸称量整个过程在有效监督下。

8．进行排气污染物试验时需测量颗粒物背景值。

9．耐久试验前应对试验燃料进行确认。

10．发动机耐久性试验过程中，监督组人员应采取必要技术措施，防止对此状态下的发动机进行排放指标的测量等。

11．耐久试验期间，应对后处理两端压力、排气温度及排气背压进行连续监控并记录。

12．耐久试验使用高硫油时，耐久之后的两次排放测试之间由高硫油更换低硫油后需运行 1 个指定循环工况的预处理。

13．试验结束后，监督小组和试验技术人员一起确认试验数据（如 C 平衡校核、ETC 有效性判定等）是否有效。有效性确认后，检测机构整理资料，由监督小组带回。检验报告邮寄。

14．一致性检查应计算统计量

15．交监督小组资料包括：

试验纸质原始记录（须检验人员签字）：排气污染物分析系统机打原始记录、颗粒物称量原始记录（手写）、全负荷烟度、原始记录（可机打）；耐久过程监控数据；发动机试验过程的记录表（三方签字），见附表；标准气体检查记录；试验条件确认记录表；一致性统计量计算表。

16．排气污染物检测结果比标准限值应多保留一位有效数字。